tab edizioni

MARCELLO CAMPIONE

Senso di equilibrio

SAGGI

tab edizioni

viale Manzoni 24/c
00185 Roma
www.tabedizioni.it

Prima edizione novembre 2021
ISBN versione cartacea 978-88-9295-314-7
ISBN versione digitale 978-88-9295-315-4

A Sermin

La natura ha un giorno per ciascuna delle sue creature, delle sue creazioni. Oggi c'è una mostra di licheni nel museo della foresta, il verde livido di alcuni, i frutti di altri. Eclissano gli alberi che ricoprono.

H.D. Thoreau, *Ascoltare gli alberi*

Indice

Per iniziare

"Quando sarò grande mi iscriverò all'università per studiare fisica quantistica!": ecco una tra le dichiarazioni di giovani colpiti dal fascino della fisica. In sé questo desiderio non ha nulla di male, ovviamente. Ma quando ho sentito questa frase, non nascondo che dentro di me si è acceso un leggero risentimento. Mi rammarica il fatto che ciò che è ritenuto oggettivamente moderno possa far sembrare inutile e al limite superfluo ciò che è invece storico, classico. La mia unica preoccupazione è che il carico di fascino indotto dalla brillante divulgazione delle scoperte relative al mondo dei quanti, alla relatività e al cosmo, possa creare pericolose illusioni per chi inizia a studiare fisica e si ritrova a dover masticare per un lungo periodo, prima che gli sia servito l'ambito piatto forte, portate alquanto insipide e asciutte di cinematica, campi di forze e induzione. Al punto che, quando ormai è giunta l'ora dell'agognato boccone, si è già infelicemente sazi e senza più slanci di entusiasmo verso quello che potrà seguire.

Conservo un ricordo netto e puro di cosa ha rappresentato per me poter studiare la fisica. Provenivo da studi tecnici di chimica industriale, un percorso che ho amato e che ancora adesso difendo con deciso orgoglio. Al primo anno del mio corso di laurea, così come in molti altri corsi di scienze naturali, si seguiva il primo corso di fisica, tipicamente riguardante la meccanica e la termodinamica. È bastata la prima settimana, forse le prime due. È stato sufficiente ascoltare, vedere poche definizioni, forse neanche una legge, per capire immediatamente una cosa: "Questo è esattamente quello che voglio fare!". Intendo dire che non stavo dichiarando a me stesso di abiurare la chimica a favore della fisica. Il mio innamoramento lo ha innescato il metodo, lo "stile" con il quale si raggiunge la conclusione. È simile alla scelta di una tra tante tecniche di pesca allo scopo di insidiare la stessa preda. Per catturare una trota si può utilizzare il galleggiante, oppure si può trainare l'esca, o ancora, è possibile utilizzare la mosca artificiale. A mio parere catturare una trota con questa ultima tecnica è tutta un'altra cosa. Così come occuparsi di problemi scientifici con la "tecnica" della fisica. Non è migliore o peggiore di altre tecniche; semplicemente è quella che più mi si confà. Il mio risentimento non riguarda il successo del proselitismo delle discipline moderne a discapito di quello delle discipline classiche – ho avuto anch'io la possibilità di studiare la fisica quantistica ed è stato il momento più estatico della mia vita da studente. È piuttosto dovuto al timore che in molti aspiranti scienziati non possa scattare lo stesso innamoramento che è scattato in me. Chiaramente non è l'unica esperienza che occorre vivere per diventare fisici, ma è una delle esperienze attraverso le quali lo studio della fisica può diventare più leggero.

Le motivazioni che mi hanno spinto alla composizione di questo breve saggio prendono spunto da questa mia personale esperienza e dalla presa di coscienza che la divulgazione scientifica in ambito fisico sembra essere sempre più legata agli aspetti avanzati e moderni di questa disciplina. Relatività e fisica quantistica sono tra i temi più ricorrenti. Bisognerebbe però ammettere che l'incanto suscitato dalle leggi che governano il mondo delle particelle subatomiche o gli eventi cosmici è molto simile a quello generato dalla fantascienza: incuriosisce il pubblico proponendo scenari spettacolari o fenomeni straordinari senza che esso possa però farne esperienza diretta e possa quindi intraprendere un autentico percorso verso la conoscenza.

In contrasto a ciò, *Senso di equilibrio* vorrebbe contribuire alla divulgazione scientifica recuperando il fascino dei connotati più classici e fondamentali della fisica per condividerlo con il pubblico. Questa proposta aspirerebbe a innescare la curiosità verso il mondo di cui possiamo fare esperienza quotidianamente. Fenomeni a cui assistiamo ogni giorno, come il sollevamento di un peso o il galleggiamento di un corpo, sono descritti con lo sforzo di utilizzare una chiave nuova, evidenziandone gli aspetti non banali e, laddove possibile, cercando di accompagnare la descrizione con parallelismi legati alle esperienze della vita quotidiana, alle attitudini percettive e alla emotività. L'esergo che ho scelto per questo libro vorrebbe appunto sottolineare come il fascino che talvolta suscitano le cose più semplici, i dettagli più anonimi, possa superare di gran lunga quello inerente agli aspetti più imponentemente stravaganti.

Il testo è privo di equazioni e riferimenti bibliografici a letteratura scientifica specializzata, coerentemente con l'intento di renderlo idoneo a un pubblico più ampio possibile: ai giovani agli inizi degli studi scientifici, per accendere in loro l'amore verso la fisica classica, la quale è la prima materia che affronteranno se vorranno diventare scienziati; a un pubblico adulto, con l'intento di fare accorgere della portata globale delle scoperte effettuate e descritte secoli fa che oggi costituiscono la fisica classica; ad altri esperti di scienza, per stimolare una riflessione sul linguaggio, necessaria a rendere appetibile e "umana" una disciplina apparentemente fredda e schematica.

Il testo è suddiviso in otto capitoli, tutti incentrati sul tema evocato dal titolo: l'equilibrio. Il concetto di equilibrio è scelto come cardine per poter comprendere la natura a partire dalla sua osservazione, azione che per suo fondamento non può che coinvolgere, prima di uno strumento di misura, i sensi disponibili nel nostro organismo. Pertanto, in ogni capitolo si fa spesso riferimento alle nostre capacità percettive e al modo di sfruttarle per capire i fenomeni naturali a cui assistiamo, passando attraverso una elaborazione che non può evitare di coinvolgere anche la sfera emotiva dello "sperimentatore". Ciascun capitolo è dedicato a un'azione specifica: crescere, difendere, cambiare, proteggere, orientarsi, scoprire, ricordare, legare e fluire. La sequenza trae ispirazione dalla mia esperienza professionale diretta su aspetti che interessano la mia ricerca scientifica e la mia attività didattica in università. Gli argomenti sono trattati in modo tale che si possano snocciolare uno di seguito all'altro, seguendo il filo conduttore dell'equilibrio. Alcune illustrazioni accompagnano la narrazione allo scopo di dare una rappresentazione visiva di alcuni concetti trattati e di stimolare ulteriori riflessioni.

Le azioni a cui si riferiscono i titoli dei capitoli sono espresse intenzionalmente con termini appartenenti al linguaggio comune. Il linguaggio adottato sfrutta di proposito la polisemia di un termine per poterne esprimere sia il significato tecnico-scientifico, sia il significato più comune. In questo modo, i concetti della fisica fanno da pretesto per una riflessione sul mondo reale visibile a tutti e sulle emozioni che suscita e, viceversa, le emozioni diventano occasione per entrare nei tecnicismi che ci insegna il rigore scientifico.

Attraverso questo meccanismo, la narrazione vorrebbe catturare l'attenzione del lettore realizzando diversi parallelismi, come ad esempio quello tra i principi fondamentali che regolano la crescita dei cristalli e quelli che regolano lo sviluppo di una società, tra le forze che tengono uniti i corpi e quelle che ci tengono uniti come esseri umani. Il parallelismo è anche la strategia attraverso la quale si realizza l'operazione cardine del metodo scientifico: l'approssimazione di un sistema con un modello. L'approssimazione è anche il mezzo col quale si palesano molti rapporti di opposizione che sembrerebbero rendere il lavoro dello scienziato talvolta ricco di contraddizioni. Nei passaggi narrati si scopre, ad esempio, che per descrivere il movimento è necessario imporre condizioni di equilibrio, le quali, per loro stessa definizione, implicherebbero la perfetta assenza di moto. Oppure, che la materia è più che altro costituita da spazi vuoti. O ancora, che l'attrito, anche se forza contraria al nostro movimento e quindi assimilabile agli ostacoli che possiamo incontrare nella vita, non sempre è sinonimo di impedimento al raggiungimento di una meta.

I contrasti e le contraddizioni si generano in gran quantità durante e a conclusione di una diagnosi scientifica. I capitoli ne mettono in luce già diversi, ma tra questi l'esempio della microscopia in un certo senso li giustifica, sottolineando come si è potuti arrivare al più potente mezzo di diagnosi della materia rinunciando al senso più prossimo alla possibilità di osservare, la vista.

A conclusione, legame e flusso sono scelti come i due fenomeni entro cui è racchiusa tutta la conoscenza introdotta nei capitoli precedenti. Il termine "legame" è qui palesemente descritto nella sua valenza tecnica, per indicare la possibilità di più particelle di formare un unico corpo, così come nella sua valenza emotiva, per indicare le interazioni che uniscono gli esseri umani. Da questo parallelismo nascono molte riflessioni sull'importanza del contrasto in tutte le espressioni della natura, nelle nostre relazioni, nello sviluppo della nostra emotività, così come nello sviluppo delle scienze.

Per crescere

Uno specchio di smalto bianco. Acqua in attesa del via alla sua corsa. Un rubinetto forgiato all'antica, senza aeratore. Una mano afferra la manopola, a stella, e la ruota per svitarla e liberare il passaggio all'acqua. Forza la rotazione per vincere l'attrito dei giunti da troppo tempo fermi, sprigionando un boato attraverso le tubature vuotate. Al boato risponde il fronte di liquido che si approccia turbolento con un leggero gorgoglìo, sempre più acuto man mano che si riduce la distanza che lo separa dalla bocca del rubinetto. La cascata ha inizio, il fiotto traccia la parabola e sferra il suo schiaffo sul piano smaltato, una lama si scaglia contro il fondo andando in frantumi, poi si scioglie e scivola per dare l'attacco al rullo incalzante. Da qui l'antifona prosegue finché uno strato d'acqua non ricopre tutta la candida superficie. Insieme ai suoni si libera per poi svanire dopo pochi attimi un odore di argilla umida, che ci trasporta ai bordi di una fontana di una piazza italiana in estate. Ora il rullo è un borbottio costante, proveniente dal petto della massa d'acqua che si gonfia e confuso a uno scoppiettio acuto che risuona invece sopra la superficie dell'acqua lasciandosi cullare dalle pareti laterali e guidare verso l'alto,

Figura 1. *Quattro situazioni di equilibrio tra fase condensata (ad esempio un solido) e fase fluida (ad esempio una soluzione del solido o un suo vapore). Nel primo schema a sinistra la fase condensata è infinitamente estesa: il rapporto tra l'estensione della superficie che delimita questa fase e il suo volume è praticamente zero. Nello schema che segue subito a destra, la superficie della fase condensata non è trascurabile. Questo comporta una maggiore attitudine all'abbandono delle sue unità di crescita, indicate come piccoli quadrati. La fase è in equilibrio con una fase fluida più concentrata in unità di crescita (sovrassatura) rispetto a quella del primo schema. Nel terzo schema il ruolo della superficie è ancora più importante, in quanto la fase solida è un insieme di piccole isole. Nel quarto schema la situazione limite di isole così piccole da essere costituite perlopiù da una sola unità di crescita.*

dove stiamo noi a osservare e ascoltare, con una gamba immersa nell'acqua, il cui livello è appena all'altezza della nostra caviglia. L'eco scoppiettante progressivamente sale di tono, e insieme il livello dell'acqua a intirizzire lievemente i nostri polpacci. La sinfonia prosegue, con i suoi ritmi costanti, toni ascendenti, solletichi avanzanti, fino a che un

piccolo dettaglio entra in gioco a dettare tutte le regole della prossima eternità. Da quel momento in poi il pelo libero dell'acqua si stabilizza. Rullo e scoppiettio si accordano. La sensazione di solletico svanisce perché ormai abituati a quel contatto. Ci disincantiamo con un sospiro profondo e riprendiamo confidenza con lo spazio intorno a noi. L'apertura del troppo pieno è stata inondata e inizia a inghiottire liquido. Abbiamo raggiunto l'equilibrio.

Contraddistinto da trasformazioni e movimento, questo scenario sembra essere in netto contrasto con quanto è comunemente inteso per equilibrio, come ad esempio la quiete statica di un corpo. Ma è pur sempre equilibrio, poiché la caratteristica che ci interesserà osservare o sentire in questo specifico processo, cioè il livello dell'acqua, non cambia nel tempo. È un equilibrio che chiameremo dinamico.

Anche un volume di acqua in un contenitore privo di scoli e rubinetti è un sistema che può essere coinvolto in un equilibrio dinamico. Se dopo alcuni giorni notiamo che il livello dell'acqua scende, siamo portati a concludere che parte dell'acqua è evaporata. Al contrario, se notiamo salire il livello del liquido nel tempo, significa che una porzione di acqua nell'atmosfera è condensata sulla superficie del liquido stesso. Nella situazione in cui il livello dell'acqua è immobile potremmo concludere che si è stabilito un equilibrio dinamico: il numero di molecole che nel tempo abbandona la superficie dell'acqua per conquistare l'atmosfera pareggia il numero di molecole nell'atmosfera che nello stesso tempo vengono catturate dalla superficie.

Quando parliamo di *livello* come di una caratteristica osservabile, in realtà stiamo riducendo a pura unità geometrica una vera e propria diavoleria della natura: la superficie.

In tutte le trasformazioni della materia è la superficie di separazione tra essa e altre componenti, come l'atmosfera, che detta le regole del gioco. Tanto che gli scienziati, per poter fare in modo di sbarazzarsene, cioè per eliminarne il drammatico effetto, ricorrono a un artificio. O meglio, vorrebbero convincersi di potersi affidare a un artificio.

Non potendo creare un materiale privo di superfici, questo artificio consiste nell'immaginare di creare un materiale tanto enorme, tanto esteso nel suo volume da poter considerare le sue superfici... inesistenti!

Prendiamo una sfera di ghiaccio di 15 cm di raggio (R) e calcoliamo il rapporto tra la sua superficie (S) e il suo volume (V): $S/V = (4\pi R^2)/(4\pi R^3/3) = 3/R = 1/(5\text{ cm})$.

Se ora consideriamo una sfera di ghiaccio di 150 cm di raggio R, il rapporto $S/V = 3/R = 1/(50\text{ cm})$, cioè diminuisce di dieci volte. Nella seconda sfera la superficie conta dieci volte di meno rispetto alla prima.

Procedendo con il ragionamento arriveremmo al punto in cui il raggio sarebbe così ampio per cui il rapporto S/V risulterebbe a tutti gli effetti nullo.

Nel caso, ad esempio, di una megasfera di ghiaccio, potremmo considerare che tutti gli scambi che avvengono tra essa e l'ambiente coinvolgano solo il suo volume, perché la sua superficie è come se fosse inesistente (S/V = 0). È più o meno in questo modo che gli scienziati si ingannano. Perché la giusta obiezione che potremmo sollevare sarebbe la seguente: il materiale per quanto voluminoso dovrà pur possedere dei confini, e questi confini saranno pur costituiti dalle sue superfici! La verità è che questo autoinganno dona così tanto conforto che, come spesso bisogna ammettere, è meglio essere sensibili che sinceri.

Per comprendere l'apparente contraddizione è bene dapprima aver molto chiari i casi estremi della stessa fenomenologia. In questo modo, tutte le sfumature intermedie risultano in un certo senso prevedibili, in quanto vie di mezzo, miscele con peso relativo diverso delle condizioni estreme.

Ritornando all'esempio della sfera di ghiaccio, le due estremità sono rappresentate, da una parte, da una sfera subnanoscopica di raggio pari a quello di una singola particella; dall'altra parte, dalla più grande megasfera che possiamo immaginare, con un raggio tanto elevato da far sembrare la superficie sferica un piano. E allora diamogliela vinta a 'sti scienziati: una singola particella rappresenta un materiale nella sua versione più vulnerabile, perché al suo fianco non ha nessuno che possa ancorarla al suo status di materiale. Fosse almeno accoppiata, diremmo che sarebbe parte di un *germe cristallino*: materiale a ogni modo con la sua dignità. Una particella sulla superficie di una sfera di raggio enorme rappresenta invece una particella superficiale nella sua versione più socievole: in quella configurazione ha massimizzato le relazioni con le altre particelle, alcune come lei in superficie, altre nel volume del materiale. Questa possibilità di massimizzare le sue interazioni con altre particelle del materiale sostanzia la verosimiglianza di fasi per le quali S/V = 0. Quindi, cortesemente, siamo sensibili.

A questo punto possiamo tornare al ruolo della superficie nell'equilibrio dinamico. Aver insistito sulla dipendenza dell'intorno di una particella in superficie dalla dimensione della sfera dovrebbe far innescare un collegamento con gli aspetti dinamici del sistema. L'utilizzo del termine *vulnerabile* in riferimento a una particella ha l'intento di mettere in luce la sua attitudine ad abbandonare la sua posizione, il suo posto nella popolazione di particelle del materiale. Siamo d'accordo quindi che tanto più la sfera ha piccole dimensioni, quanto più le sue particelle superficiali saranno prive di legami con altri simili, e quindi più propense a fuggire dal materiale e conquistare nuovi territori, ad esempio l'atmosfera. Questo scenario farebbe emergere una sconvolgente conseguenza: una piccola sfera di materiale sarebbe destinata a scomparire, dissolversi, evaporare! Che cosa frena la fuga delle sue componenti?

Partiamo dalla megasfera di raggio... infinito! Diciamolo a questo punto, chiamiamola col suo nome: sfera-di-raggio-infinito. Per mantenere in equilibrio questa sfera occorre garantire che il numero di particelle che nel tempo la colpiscono dall'ambiente uguagli il numero di particelle che nello stesso tempo sfuggono dalla sua superficie per mischiarsi con quelle dell'ambiente. In questa descrizione si ammette che l'ambiente contenga una certa concentrazione delle stesse particelle della sfera, ma in una fase diversa, gassosa ad esempio, se vogliamo riferirci alla nostra familiare atmosfera. Oppure una fase liquida, pura o miscelata a un liquido chimicamente diverso. L'ambiente che circonda la sfera permette di tempestarla di collisioni particellari con una frequenza proporzionata alla loro concentrazione. Maggiore è la concentrazione, maggiore sarà la frequenza delle collisioni. Ma per una sfera di raggio infinito la frequenza di queste collisioni necessaria alla sua conservazione è minimizzata. Cioè la sfera di raggio infinito è in equilibrio con l'ambiente più diluito possibile nelle componenti che la costituiscono. Ovvio che la loro concentrazione non debba essere nulla.

Se ora consideriamo una sfera di dimensioni non infinite ma *finite*, possiamo solo dedurre che essa avrà una maggiore tendenza a perdere particelle sulla sua superficie e che quindi potrà essere in equilibrio con un ambiente più concentrato. A questo ambiente più concentrato si attribuisce l'aggettivo *sovrassaturo*.

È proprio così: la sfera finita è in equilibrio con un ambiente sovrassaturo. Ma sovrassaturo non vuol dire proprio lontano dall'equilibrio? Quindi? Che razza di castroneria sarebbe?

Calma. Continuiamo a essere sensibili.

Una sfera ancora più piccola della precedente sarebbe in equilibrio con un ambiente ancora più concentrato, e quindi più sovrassaturo, e così via. Fino ad arrivare a una coppia di particelle e, infine, a una singola particella. Essa è in equilibrio con un ambiente parecchio sovrassaturo.

Ammesso che tutto ciò sia chiaro, proviamo a descrivere che pertinenza ha con la crescita.

Far crescere qualcosa significa indurre l'aggregazione di particelle disperse nello spazio. Per indurne l'aggregazione occorre aumentare la loro concentrazione, continuare a farlo fino al punto in cui si supera il limite di saturazione. Tuttavia superato questo limite difficilmente accadrà qualcosa all'istante. Per questo motivo spesso lo si supera senza accorgersene. Le particelle hanno una certa pigrizia nel compiere trasformazioni, soprattutto quando si trovano in gruppo. Sembra che si studino reciprocamente in attesa che qualcuna di loro faccia la prima mossa. Questi tempi di latenza possono essere talmente lunghi da rischiare di perdersi del tutto la trasformazione. In altri casi, più o meno improvvisamente, a un certo punto inizia a formarsi qualcosa. Le caratteristiche di questo qualcosa ormai non dovrebbero essere un mistero. Perché qualunque aggregato sia, il suo rapporto S/V dovrà rispettare il livello di sovrassaturazione raggiunto. Perché qualunque cosa possa formarsi, lo farà con il preciso intento di raggiungere un equilibrio.

Pertanto se il livello di sovrassaturazione raggiunto durante il tempo di latenza era molto elevato, si formeranno una miriade di piccoli nuclei di aggregati. Al limite estremo, ognuno semplicemente abbandonerà la fase entro cui era disperso per accaparrarsi un posto sulla terra ferma, in perfetta solitudine.

Se al contrario siamo stati tanto fortunati o abili da mantenere bassissimo il livello di sovrassaturazione, riusciremmo al limite a ottenere un unico esteso aggregato. *And the world will be as one...*

Ma il trucco per non sorpassare la saturazione esiste. Occorre utilizzare un'altra superficie, di un materiale estraneo al sistema, che possa favorire l'aggregazione. In alcuni rari casi, se l'azione di questo substrato è tanto favorevole, è persino possibile che il sistema inizi ad aggregare anche in condizioni di sottosaturazione. Niente di molto diverso da quello che succede ai vacanzieri durante l'estate per l'effetto di attrazione esercitato dalla riva del mare, oppure, su una scala diversa, agli insediamenti urbani per opera dell'incanto suscitato dalle regioni costiere del bacino del mediterraneo. Neppure molto diverso rispetto a un sistema estremamente sovrassaturo è un sovraffollamento, che come esito ha sempre quello di indurci all'isolamento, di nucleare noi stessi in una fase separata da tutto il resto dell'ambiente, pur rimanendo a stretto contatto con gli altri.

In terre opportune, molti abitanti ma ben dispersi sul territorio potrebbero essere pronti ad affrontare un viaggio che li porterà a un simultaneo incontro. Da quell'incontro potrebbe avere origine una unica comunità, così estesa da cancellare l'importanza di ogni suo confine, da garantire a ognuno un intorno di individui sempre disposti ad attrarre e mai a respingere. Questa comunità, se nascerà e se si svilupperà, lo farà sulla base del principio più importante. Quello dell'equilibrio.

Per difendere

Con le braccia tese in avanti, parallele, e i palmi delle mani rivolti verso l'alto, immaginiamo di reggere il peso di un cristallo cubico di saccarosio di 15 cm di spigolo. Questo cubo avrebbe una massa di 5,4 kg e la nostra schiena soffrirebbe un poco per... mantenere l'equilibrio.

Ma non è su questo equilibrio che ci soffermeremo.

Supponiamo che qualcuno, in una frazione di secondo, fosse in grado di scambiare quel cubo con un altro di pari volume ma di ghiaccio. La massa da sorreggere scenderebbe a 3,1 kg e con molta probabilità le nostre braccia, similmente a una catapulta, tenderebbero a spingere verso l'alto il cubo. Immaginiamo ora che lo stesso repentino scambio avvenisse tra il cubo di saccarosio e un altro cubo, di pari volume, ma di carbonato di calcio. Al contrario di prima, la massa da sorreggere ora salirebbe a 9,1 kg e le nostre braccia cederebbero a seguito dell'aggravio di peso, facendo calare il livello del cubo.

Nel primo esperimento di scambio pensato è accaduto quello che in un fluido, per effetto dell'azione delle sue "braccia", chiameremmo emergere per effetto della spinta di galleggiamento. Nel secondo, quello che chiameremmo affondare miseramente.

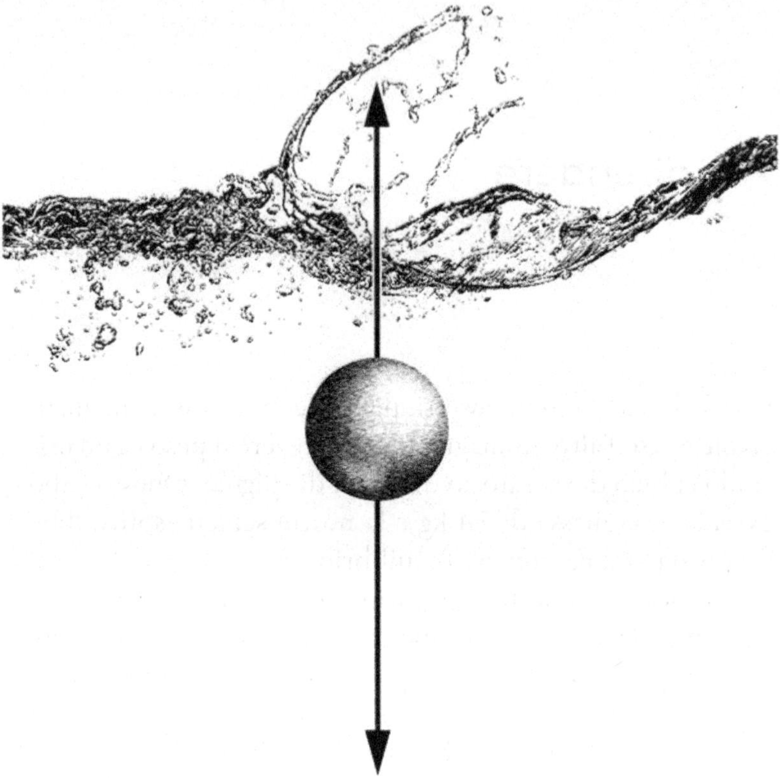

Figura 2. *Equilibrio tra forza peso (freccia verso il basso) e spinta di galleggiamento (freccia verso l'alto) applicate a un oggetto sferico immerso in acqua.*

La spinta in questione è uno tra i tanti fenomeni legati alle masse di fluido che sembra in qualche modo prodigioso, come se fosse energia sprigionata dal nulla. Il cuore di questo fenomeno così vigoroso, così istantaneamente espresso, è dominato dal desiderio di equilibrio. La capacità di un fluido di poter rispondere così istantaneamente alle perturbazioni del proprio equilibrio deriva precisamente dalla attitudine della sua materia di fluire. Questa azione, il fluire, deve corrispondere a una precisa idea nella nostra mente. Sarebbe conveniente fosse sufficientemente chiara da subito. Anche se sarà più probabile lo diventi dopo aver spiegato alcune cose. Fluire significa non poter sostenere forze che siano applicate parallelamente alla propria superficie. Gli strati di un fluido scorrono senza opporre resistenza o con una resistenza trascurabile, scivolano su se stessi e sulle pareti di contenimento. Non è per niente un caso che in mezzo a parvenze di prodigi, immaginazione ed energie, spunti di nuovo lo spettro di una superficie.

Dobbiamo ora immaginare che il processo di scambio descritto poco sopra avvenga nelle profondità di un lago. Questo scambio si realizza tra un cubo di acqua, che disegniamo con la mente all'interno del volume del lago, e un cubo di ugual misure al precedente ma di ghiaccio. Il primo cubo è immaginario perché ha superfici fittizie. Possiamo sceglierlo in qualsiasi punto del liquido: tracciamo le sue sei facce che lo contengono come fossero dei confini ipotetici. Ogni cubo immaginato all'interno di un volume di acqua calma, perfettamente immobile, è in equilibrio. Ciò significa che, come fanno le nostre braccia dell'esperimento sulla terra ferma, il cubo è sostenuto dal resto del liquido che lo circonda, con una forza che lo regge affinché non precipiti verso il fondo. A qualunque profondità questa forza ci deve essere; deve sostenere il peso del cubo d'acqua.

Se ora scambiamo il cubo d'acqua con il cubo identico di forma e volume, ma di ghiaccio, il liquido intorno al volume scambiato non subisce nessun tipo di perturbazione. Pertanto le sue braccia continuano a esercitare una forza uguale ma opposta alla forza peso del cubo di acqua. Ma questa forza sappiamo ora che è eccessiva per il ghiaccio. Quindi, il cubo di ghiaccio inizia la sua corsa verso la superficie, subendo in ogni posizione sempre la stessa identica spinta finché è completamente immerso. Una volta parzialmente emerso, la spinta diminuisce al punto di ristabilire l'equilibrio.

Al momento questo esperimento, tra immaginazione, operazioni di scambio e illusioni di vario genere, sembra più un sogno, che la realtà.

Tutto però si riconfigura in uno scenario del tutto familiare e verosimile se solo ci accorgiamo che i fluidi consentono di "scambiare" parte del loro volume con altro materiale attraverso una operazione banalissima: l'immersione. Immergere, parzialmente o totalmente, un materiale in un fluido significa scambiarne una parte del volume. A termine dell'immersione, il fluido si riappropria immediatamente del suo equilibrio. Questo equilibrio, caratteristico dei fluidi, consiste nell'avvolgere senza resistenza qualsiasi superficie del materiale che vi si immerge. Perché i fluidi non sostengono spinte parallele alla superficie. L'intima connessione tra il liquido e il materiale solido è garantita solo da forze esercitate perpendicolarmente alla superficie: ciò che chiamiamo *pressione*. Forze esercitate parallelamente alla superficie indurrebbero il fluido a fluire, per ridistribuirlo in modo tale che esso eserciti solo e soltanto spinte ortogonali alla superficie.

In merito all'immersione del cubo di carbonato di calcio il discorso sarebbe molto simile. Con la sola differenza che le braccia del lago non sarebbero adeguate a sostenere il peso del nuovo corpo, il quale inizierebbe la sua inesorabile discesa verso il fondo.

Il galleggiamento si verifica solo se la densità – cioè il rapporto tra la massa e il volume – del materiale immerso è minore di quella del fluido. Questa regola però trascura alcuni dettagli del fenomeno del galleggiamento su cui vale la pena soffermarsi. Galleggiare in realtà significa raggiungere un equilibrio che gode di due spinte verso l'alto, non soltanto di una. La seconda spinta deriva dal nuovo fluido entro cui un corpo si immerge parzialmente quando emerge dal pelo libero dell'acqua: l'aria. Una spinta sicuramente meno significativa di quella che deriva dall'acqua, di fatto mille volte inferiore, ma non per questo meno degna. Basti pensare se non altro che la vita terrestre non è poi così diversa da quella sottomarina. Mare e aria sono popolati da esseri che si muovono entro un fluido. Nuotare oppure volare, non fa molta differenza. Potremmo osare dire che la distinzione tra pesci, anfibi e terrestri dal punto di vista fisico sia davvero trascurabile. Ammettendo solo che, a differenza dei pesci, pare non esista nessun essere alato che, attraverso una opportuna "vescica volatoria" (da riempire con elio e vuotare a seconda delle necessità), riesca a trascorrere tutto il tempo in aria senza mai appoggiarsi a terra. Resta comunque un fatto che ogni forma di vita nasce e si sviluppa "nuotando" in un fluido.

Un altro aspetto non scontato del galleggiamento è il seguente: affinché si generi una spinta al galleggiamento non basta solo che la densità del materiale immerso sia minore di quella del fluido. Deve esserci anche gravità. La sua intensità cresce insieme alla forza di gravità. Se non c'è attrazione di gravità, il materiale meno denso non si separa mai da quello più denso. Per questo motivo per separare efficacemente sostanze con densità diversa si usano centrifughe, le quali non sono altro che moltiplicatori di gravità.

Un materiale leggero potrà essere liberato dalla stretta di un fluido che lo avvolge solo se una terza parte saprà svolgere un'azione di attrazione. Questa azione non serve che sia nei confronti dell'elemento leggero. Al contrario, deve concentrarsi su quello pesante. È il mare che dovrà attrarre a sé, se è da questo che vorrà salvare il naufrago. Se saprà attrarre a sé efficacemente il fluido, il corpo leggero verrà spinto efficacemente in direzione opposta. Potrà emergere dalla stretta soffocante del fluido, anzi verrà letteralmente espulso verso la superficie. Potrà essere libero e respirare. Potrà raggiungere il suo nuovo equilibrio. E la sua salvezza starà proprio nella lontananza accumulata nei confronti di chi lo ha salvato.

Per cambiare

Forse troppa è stata la leggerezza con cui abbiamo svolto una operazione formidabile. Nella lotta per il galleggiamento abbiamo trovato la nostra soluzione al problema attraverso una invenzione. Ci siamo concentrati sulla massa contenuta in un certo volume di materiale. La massa dipende dal numero e dal tipo di atomi che compongono il materiale. Tutti sanno che questa quantità si misura in chilogrammi, o multipli e sottomultipli. È una proprietà fondamentale di un materiale. Un suo tratto caratteristico finché il materiale non subisce trasformazioni che comportino perdita o sostituzione dei suoi atomi. Anche il volume occupa sicuramente le prime posizioni nell'elenco dei tratti caratteristici di un materiale, benché più propenso a cambiamenti rispetto alla massa. Il volume di un oggetto si stima attraverso una operazione che moltiplica tra loro tre informazioni di lunghezza. Il volume si misura infatti in metricubi, o multipli e sottomultipli. Nota la massa contenuta in un certo volume di materiale, abbiamo deciso arbitrariamente, senza consultazioni, per nostro incondizionato desiderio, di dividere l'una per l'altro. Abbiamo chiamato il risultato di questa operazione densità. Deve essere chiaro che il nome scelto poteva essere completamente

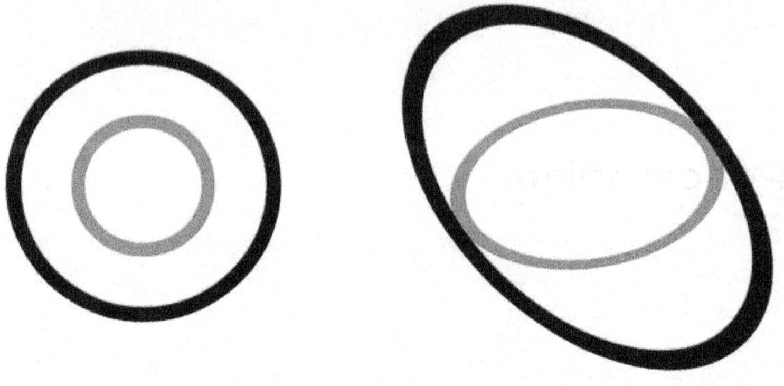

Figura 3. *Equilibrio tra forza (nero) e deformazione (grigio) nell'immediato intorno di un punto. A sinistra una situazione perfettamente isotropa, in cui la forza applicata alla superficie del corpo è uguale in tutte le direzioni (insieme dei raggi del cerchio) ed è assimilabile sempre a una pressione, come accade nelle sollecitazioni idrostatiche. Di conseguenza anche la deformazione consiste nella trasformazione di un cerchio di punti di materia intorno al punto in un altro cerchio. A destra il caso anisotropo: la forza applicata alla superficie del corpo è diversa in ogni direzione e non è quasi mai perfettamente ortogonale alla superficie. Un cerchio di punti di materia si trasforma in una ellisse.*

diverso. Da domani potremmo chiamarla massume, oppure chilocubaggio, o ancora gravaggine. Il nome scelto è davvero da intendere solo come accessorio, una etichetta, in quanto la densità non ha più quel carattere fondamentale in merito alle proprietà del materiale, come la massa. È solo una nostra elaborazione, sicuramente astuta e naturale, per poter cogliere l'essenziale del fenomeno di galleggiamento. Voler dividere dei chilogrammi per dei metricubi è una follia, tanto assurda quanto voler dividere una poesia per l'inconscio tridimensionale. Ma in fisica questi numeri sono concessi. C'è spazio infinito per creare nuove quantità. Anche solo per il gusto di farlo. Ma tipicamente questo viene fatto per raggiungere uno scopo preciso: semplificare il linguaggio della natura; trovare quelle combinazioni delle quantità che possiamo misurare che consentono di descrivere nel modo più semplice possibile i fenomeni che stiamo osservando.

Ma il carico di assurdo trascinato dalla densità non sta solo in questo.

Proviamo a dare una stima alla densità del pianeta Terra. Dividiamo tutta la sua massa per tutto il suo volume, ovvero 6 milioni di milioni di milioni di milioni di chilogrammi diviso il volume di una sfera con un raggio medio di 6400 chilometri. Il risultato è 5500 chilogrammi su metro cubo. Ma se provassimo a estrarre un metro cubo di suolo calpestabile, scopriremmo che difficilmente supererebbe una massa di 3000 chilogrammi, così come se provassimo a misurare la massa di un metro cubo di acqua di mare: sarebbe intorno ai 1000 chilogrammi. Quel numero così elevato deriva dal contributo dei materiali che compongono gli strati più profondi della Terra, i quali raggiungono densità oltre i 10.000 chilogrammi su metro cubo. Ma per rimanere incantati dal fascino spropositato della materia non occorre intraprendere un viaggio all'interno della Terra. Rimaniamo in superficie e immergiamoci di nuovo in acqua. Proviamo ora a campionare un volume minore di materiale, mille volte più piccolo di prima, un decimetro cubo. La massa contenuta in questo volume, un chilogrammo, è mille volte più piccola della precedente. La densità è però invariata. Riducendo di altre mille volte il volume, un centimetro cubo, ci accorgeremmo che esso contiene un solo grammo di acqua. La densità è invariata. Un millimetro cubo conterrà un milligrammo di acqua. Per quanto posso ripetere questa riduzione di volume?

Presi dall'armonia e lo stupore di questi procedimenti ossessivi, molto tipici del pensiero scientifico, verrebbe voglia di dimenticare che di materia stiamo parlando e di poter ripetere senza un vero limite questa apertura di matriosche. Potremmo cioè raggiungere l'unico limite per cui il volume di campionamento risulterebbe quasi zero. Vorremmo risultasse sufficientemente grande da poter comunque valutare la massa ivi contenuta, ed estrarre un valore di densità. Ma vorremmo anche fosse così prossimo a zero da poter ricondurre quel valore di densità a un punto. In questa richiesta ossessiva è nascosto un desiderio di chi sta ragionando intorno a questa osservazione. È il desiderio di continuità. Questo desiderio si esaudisce quando a ogni punto del materiale possiamo associare un valore di densità. Il materiale stesso non è più un insieme di particelle, l'acqua non è più un insieme di molecole, ma un continuo di materia per il quale a porzioni uguali corrispondono masse uguali, e il rapporto tra massa e volume corrisponde a quello che di fatto misureremmo alle scale a noi accessibili: un grammo per centimetro cubo.

In questo sogno entro cui ci siamo persi non sappiamo più se quello che stiamo immaginando ci aiuterà o meno a capire la realtà. La verità è che perdersi nei sogni è la chiave per comprendere la realtà in base alle nostre percezioni guidate dal desiderio. L'acqua, questo composto così simbolicamente legato alla purezza, limpidezza, questo etere condensato, non può che essere fluido senza confini, senza difetti. Continuo. La soddisfazione, l'appagamento generati dalla continuità sono invincibili. Anche a fronte di quello che già sappiamo: la natura atomica, cioè discontinua, della materia. Quello che siamo portati a fare naturalmente, con l'immaginazione, i sogni, e quindi l'illusione, è di generare modelli della realtà. Pertanto gli elementi che compongono la realtà assumono caratteristiche che possiamo concepire, comprendere e riprodurre ripetutamente senza variazioni. L'insieme di queste caratteristiche costituisce il nostro *modello* della realtà.

Ora immergiamo un dito sulla superficie del nostro modello continuo della materia. La superficie si increspa. L'impulso si propaga. Un sasso si tuffa nello stagno. Il continuo è in movimento. Come può muoversi un continuo? L'armonia dei suoi movimenti è racchiusa in una figura molto rassicurante. Essa esprime tutte le caratteristiche del movimento di un continuo, sia esso generato da una carezza, come da una esplosione. Vediamo come sia possibile.

Riconosciuto il ruolo fondamentale dell'abbandono al delirio nel processo di elaborazione di un modello, resta in ogni caso sempre valido un altro desiderio che è pure necessità, da soddisfare in ogni operazione di analisi: la semplicità.

Una giusta analisi è quasi sempre semplice. Per renderla semplice il passo fondamentale è il primo. Occorre che i primi contorni della nostra elaborazione siano i più semplici possibile. Per questo motivo vorremmo dapprima tracciare l'evoluzione di solo una parte, ben ragionata, del corpo che si sta deformando. Non utilizzeremo una porzione tridimensionale; neanche bidimensionale. Vogliamo che sia monodimensionale: una linea. Vorremmo quindi descrivere in che modo una linea di punti all'interno del materiale cambia con la deformazione del materiale stesso. Una linea può evolvere in tre modi: può allungarsi (o accorciarsi), può ruotare, può incurvarsi. Tra tutte le possibilità, questa ultima è la più ostile. Ma possiamo eliminarla. Per farlo ci rituffiamo nel continuo. Sceglieremo cioè una linea materiale così corta, talmente corta, da farla sembrare un semplice segmento a qualunque scala. Così corta da poter attribuire le sue proprietà a un unico punto. Ora questa linea *infinitesima* potrà solo allungarsi e ruotare, perché, per la sua ridottissima lunghezza, non porterà più informazioni sulla sua curvatura. Consideriamo un insieme di punti soggetti alla stessa deformazione di una sezione piana di un materiale. Se su questo piano disegnassimo una serie di linee parallele prima della deformazione, esse rimarrebbero parallele anche dopo la deformazione. Cambieranno lunghezza, ruoteranno, ma rimarranno parallele. Se disegnassimo anche un cerchio prima della deformazione, esso potrebbe trasformarsi soltanto in una figura. Proprio così. Probabilmente lo abbiamo già sperimentato decine di volte. Con molti programmi di grafica è possibile farlo: disegnate un cerchio e poi, attraverso alcuni comandi piuttosto comuni, deformatelo in modo omogeneo. Avete capito di che figura si tratta? Sì, è proprio quella, la più rassicurante di tutte. Non un cerchio, perché troppo preciso per essere... umano. Ma ancora senza spigoli, e molto simmetrica: l'ellisse. Rispetto a un cerchio perfetto che noi associamo al materiale non deformato, l'ellisse rappresenta sempre il risultato della totalità degli eventi di deformazione. Se il materiale era in origine un cubo con le facce a specchio e poi deformandosi si è trasformato in una spugna marina, essa potrà essere descritta come il risultato della sovrapposizione di molte ellissi, ognuna delle quali appartiene a un punto diverso del materiale. Inteso? Un punto si deforma! Altro che ente geometrico senza dimensione né forma...

Se possiamo descrivere un corpo deformato come un insieme di ellissi ognuna delle quali è il risultato della perturbazione di un cerchio secondo le modalità che abbiamo descritto, a questo punto non ci resta che inserire nella scena la causa della deformazione. Saremo d'accordo nell'affermare che per riuscire a deformare un oggetto occorre applicare una forza su di esso. Un pallone da basket potrebbe essere deformato al punto di sembrare un pallone da rugby semplicemente comprimendolo all'equatore. È dunque la forza la vera e unica causa del movimento. Per rappresentare l'azione di una forza, indipendentemente dalla sua origine, occorre assegnarne una orientazione rispetto alla superficie su cui si applica. L'intima relazione tra forza e superficie di azione definisce il concetto generale di *sforzo*, il quale prende il nome di pressione solo quando la forza è perfettamente ortogonale alla superficie.

Il problema di ricollegare punto a punto la deformazione alla sua causa, cioè allo sforzo, potrebbe apparire colossale. Questo passaggio è inoltre piuttosto delicato perché va da sé che materiali diversi soggetti allo stesso sforzo si deformano in modo diverso. Vorremmo quindi che in questo collegamento si rispettasse la natura del materiale, la sua costituzione. Un materiale durissimo, mettiamo il diamante, con sforzi ordinari dovrà risultare deformato in modo impercettibile. Un materiale morbido, come il caucciù, sottoposto a sforzi ordinari dovrà deformarsi visibilmente. Ciononostante, per amore della semplicità, dimenticheremo tutto ciò, e realizzeremo questo collegamento, almeno per il primo tentativo, nel modo più semplice consentito dalla natura. Di fatto non occorre pensarci. Esiste solo un modo, il più semplice possibile, per collegare matematicamente due grandezze. Se volessimo descriverlo con un linguaggio abbastanza comune, dovremmo dire che queste due grandezze, deformazione e sforzo, sono proporzionali. Ciò significa che se lo sforzo raddoppia anche la deformazione raddoppia. Oppure se registriamo una deformazione diminuita della metà essa deve essere il risultato del dimezzamento dello sforzo. In modo meno colloquiale e più elegante diremo che la relazione tra deformazione e sforzo, nel caso più semplice possibile, è di tipo *lineare*. In sostanza, una relazione lineare tra deformazione e sforzo dovrà prevedere il seguente risultato dal punto di vista qualitativo: Se posso descrivere la deformazione con una ellisse, allora sarà sempre un'ellisse a descrivere lo stato di sforzo di un punto del materiale.

Stavamo appena consolidando il concetto di sforzo come forza orientata applicata su una superficie e ora salta fuori che lo sforzo è un'ellisse? Lo è nel senso che l'ellisse rappresenta l'insieme degli sforzi applicati intorno a un punto, ognuno dei quali agisce su una superficie diversa. Il concetto regge in sé ma non è in sé importante. La parte importante è la sua relazione con la deformazione. Nel caso *lineare* a ogni punto assoceremo due ellissi, una per la deformazione, una per gli sforzi. Due ovali che condividono il centro, il punto a cui sono associati, ma non necessariamente tutte le altre caratteristiche, quali l'orientazione e l'eccentricità. Queste due figure sono tutto il cuore dell'idealizzazione del movimento. Tanto ideale che movimento non è per nulla. Perché se ancora quel punto si muovesse, noi, di fatto, non avremmo modo di determinare nessuna di quelle ellissi. Eppur movimento ci è stato, altrimenti quell'ellisse sarebbe ancora un cerchio. È iniziata una lotta. Una delle più delicate, in quanto si disputa nel campo della contraddizione più palese: equilibrio sì, ma per descrivere il risultato della sua mancata realizzazione: il moto. Abbiamo cioè un'esigenza chiara, quella di essere all'equilibrio per poter stimare i livelli di deformazione e di sforzo, e vogliamo utilizzarli per quantificare il moto, ovvero la deformazione, cioè il risultato di un non-equilibrio. Risolvere questa contraddizione potrebbe sembrare fondamentale dal punto di vista formale. Di fatto non lo è. Perché di fronte alla ricompensa della semplicità anche le contraddizioni più dolorose svaniscono. L'amore verso la semplicità consente di alimentare il perdono verso l'approssimazione. È questo uno degli insegnamenti più importanti del lavoro scientifico: per amore della semplicità sapremo rinunciare a un poco di accuratezza, nell'intento di assicurarci una prima meta in modo rapido e sicuro, per poi, eventualmente, se le risorse lo consentono, investire più tempo, acuire l'elaborazione, per ottenere un avanzamento dell'accuratezza. Un metodo scientifico è sempre un metodo semplice. La scienza è l'amore della semplicità. Se molte odiose elaborazioni a cui la quotidianità ci ha abituati un giorno potessero ispirarsi al metodo scientifico diventerebbero infinitamente più semplici, forse senza neanche compromettere il livello di accuratezza dei dati per produrre i quali sarebbero state concepite.

Al di là delle contraddizioni e delle inutili lotte per vincerle, l'opportunità di poter dire "si è mosso" è il frutto di un confronto. Questo confronto può avvenire almeno tra due configurazioni: quella attuale e quella di riferimento. Nella scienza il sistema di riferimento è vitale. Vitale come l'acqua. Anzi, non a caso, il più delle volte è l'acqua il nostro sistema di riferimento. Sappiamo che lo è per il modo con cui esprimiamo la temperatura, ad esempio. E lo sarà per il modo con cui esprimiamo la relazione tra deformazione e sforzo. Perché ora dovremo convincerci che l'abbraccio un po' perverso tra quelle due ellissi può trovare un sistema in cui regna un chiaro ordine e una chiara simmetria. Che sarà proprio l'acqua il mezzo entro il quale tutto rimane sempre e per sempre perfettamente circolare. In cui per ogni tentativo di eccentricità dell'una o dell'altra la reazione subitanea è di riappacificare il tutto disponendo per ogni punto due cerchi almeno concentrici. E così rimarranno, per l'eternità. Deformazione, sforzo: due cerchi perfetti. Quale nome assegnare a questo stato? Scienziati gente semplice: *idrostatico*.

Dobbiamo assecondare a questo punto un nostro rinnovato desiderio di immergerci. E mentre ci immergiamo dovremo far caso a come l'acqua ci tocca. Sentiamo che ogni punto del nostro corpo è soggetto alla stessa identica compressione. Come è possibile che si realizzi un meccanismo tanto preciso e ineccepibile? Perché se così non fosse porzioni di acqua tenderebbero a fluire, e a contraddire cioè l'ipotesi iniziale: quella della staticità. Pertanto l'acqua, per stare ferma, può solo spingere con la stessa intensità in tutti i punti del corpo e solo ortogonalmente alla superficie. Nell'acqua siamo racchiusi in un cerchio perfetto.

Attribuire tanta perfezione all'acqua è quasi un dogma trascendentale. Il mondo scientifico non è risparmiato dalla necessità di avere dei riferimenti ideali. Questa idealità è imprescindibile dall'attribuzione di un dono altrettanto assoluto, quello della continuità. Pertanto lo scenario che si è allestito nella discussione precedente è valido fintantoché, per la nostra percezione, l'acqua a cui ci riferiamo e pertanto tutti gli altri materiali possono essere considerati distribuzioni continue di materia. Varrà quindi la pena che in questa nuova immersione si possa anche cambiare dimensione di accesso ai nostri sensi, per poterci accorgere a un certo punto del limite oltre il quale la continuità non è più una approssimazione accettabile; per poterci accorgere della natura atomica della materia.

Si prova un certo gusto ad affondare le mani nella sabbia e muoverle all'interno per sentire i grani scorrere sulla pelle e massaggiarci. Un piacere altrettanto attraente ce lo fornisce l'acqua, il cui massaggio è sorprendentemente speciale perché non graffia, è completamente privo di attrito. Eppure sappiamo che anche l'acqua è fatta di grani, che chiamiamo molecole, le cui dimensioni sono dieci milioni di volte inferiori a un granello di sabbia. Questo significa che se volessimo provare con la sabbia la stessa sensazione che proviamo a contatto con l'acqua, le nostre dita dovrebbero essere lunghe all'incirca quanto la nostra penisola. Se invece di espandere il nostro corpo costruissimo un modello espanso dell'acqua ci troveremmo più o meno di fronte a questo spettacolo. Partiamo dalla famosa composizione di una molecola di acqua: un atomo di ossigeno legato a due atomi di idrogeno. Eviterei di fare distinzioni inutilmente accurate tra le dimensioni di atomi diversi. Ciò che colpirà nel modello che stiamo costruendo va ben oltre queste raffinatezze; pertanto rappresenteremo i nuclei dei tre atomi come palle da golf (un oggetto sferico con un diametro di circa 4 centimetri). Se vogliamo mantenere proporzioni adeguate tra dimensioni dei nuclei e distanze reciproche dovremo porre le tre palle a un chilometro e mezzo l'una dall'altra. Immagino che già dopo questa calibrazione si sia sufficientemente sopraffatti dallo sconforto. Abbiamo una idea di quanto valga questa distanza? Ecco qualche indizio: è la distanza coperta da dieci anfiteatri di Vespasiano messi uno in fila all'altro (se lungo l'asse minore o maggiore della loro rassicurante ellisse conta davvero poco), ovvero la distanza tra Riomaggiore e Manarola Marina, ovvero la distanza tra due sponde di quel-ramo-del-Lago-di-Como, e così via. Questa molecola d'acqua appare di fatto alquanto scarna ma, dobbiamo ancora vestirla di un indumento importante: i suoi elettroni. Gli elettroni che costituiscono una molecola d'acqua sono dieci. Se un elettrone avesse le stesse dimensioni di un nucleo diremmo che quasi quasi tra Riomaggiore e Manarola Marina riusciremmo a tracciare un filare di palline elettriche per creare una specie di corsia galleggiante sul mare. Ma un elettrone è mille volte più piccolo di un nucleo. Rispetto a una palla da golf, un moscerino. Pertanto, riassumiamo il modello: tre palle da golf distanti un chilometro e mezzo una dall'altra con dieci moscerini che svolazzano tutto intorno all'impazzata per cercare di fare da collante a questa entità. Se il livello di desolazione non fosse ancora sufficiente, completiamo il modello cercando di dare una idea di quali posizioni occuperebbero le altre molecole d'acqua quando presto avvolgeranno il nostro corpo sempre meno desideroso di immergersi. Ebbene, tra una molecola e l'altra sussiste una separazione di circa quattro chilometri e mezzo. Sarebbe del tutto superfluo cercare nuovi paragoni per rendere più tangibili queste lunghezze. È chiaro che lo scenario che si è aperto è, con ottima approssimazione, del tutto assimilabile al vuoto! Ed è vero. Quello che noi chiamiamo materia, che percepiamo come materia, in realtà è per lo più vuoto. La nostra immersione, a cui ora rinunceremmo del tutto, è destinata a essere quella di un vuoto dentro un altro vuoto.

Se eravamo d'accordo nel considerare come buon modello del corpo umano quello di un involucro contenente acqua, ora lo saremo anche nel considerarlo un involucro contenente... nulla!

Deve esserci per forza una proprietà essenziale che consente alla materia, nelle condizioni in cui possiamo interagirci, di poter realizzare il suo ingombro. Qualcosa di molto efficace nell'ostacolare il passaggio di una molecola attraverso un'altra, di un corpo attraverso un altro, che consenta di delimitare un volume, di rendere possibile un tocco, una pressione, una spinta. Senza questo qualcosa, avvicinarci significherebbe compenetrarci, sciogliersi l'uno nell'altro, perdere ogni identità, ogni possibilità di riconoscere e discernere. Questo effetto, alla base della possibilità di realizzare il prodigio secondo cui possiamo sentire il vuoto come materia, ha origine nella natura stessa dei nuclei e degli elettroni; appartiene sia alle palle da golf, sia ai moscerini. Si chiama *repulsione*. Ma in merito alla repulsione, i moscerini sono in condizioni di esprimere una prerogativa in più rispetto ai nuclei. Questa loro specialità consente di esercitare una repulsione ancora più efficace di quella derivante dalla loro carica elettrica. I moscerini hanno imparato che per costruire, a partire da singoli atomi, quello che siamo soliti chiamare materia, non solo devono respingersi l'un l'altro; devono arrivare a escludersi. Senza questa capacità di *esclusione* non ci sarebbe distinzione tra ghiaccio, calcare, oro o petali di rosa. Se la propensione alla repulsione e all'esclusione non fosse insita negli elementi costitutivi della materia non costerebbe nulla una stretta di mano o un abbraccio, e nessun significato preciso potrebbe essere associato a questi gesti. Il desiderio di dissolversi nella persona di cui si prova forte *attrazione* appare proprio come una dichiarazione di coscienza del limite più grande che ci ha imposto la natura, grazie al quale due cose identiche non hanno modo di perdere la loro identità.

Per proteggersi

Dovremmo ammettere che ci sia un certo riflesso emotivo nell'utilizzo della parola *crescita* riferita all'aumento delle dimensioni di un germe cristallino, o più in generale, all'arricchimento di una fase a discapito di un'altra. Cresce anche una sensazione, un sentimento. Il contrasto che crea questa nuova fase immersa nell'ambiente da cui si è originata genera spinte. Una fase densa, un sentimento grave, affondano inghiottiti dalle viscere e implodono. Si trasformano in punti, introvabili ma presenti e sempre più prossimi a un fondo indefinito. Fasi rarefatte, sentimenti leggeri, come bolle d'aria sprigionate negli abissi, risalgono l'imponente battente e contemporaneamente si espandono, e si espandono, fino al limite in cui superano anche l'ultima membrana, un soffio che scioglie esse stesse nel nuovo mare della loro stessa sostanza.

I buoni sentimenti, quelli leggeri, tendono a galleggiare, cioè a portarsi in superficie. A venir fuori. E insieme a espandersi. Una volta emersi, si diffondono. Molti fenomeni in natura seguono questa sequenza di eventi. È il galleggiamento, giusto? E galleggiamento è frutto della gravità. Il miscuglio che costituisce il nostro pianeta sotto l'azione della

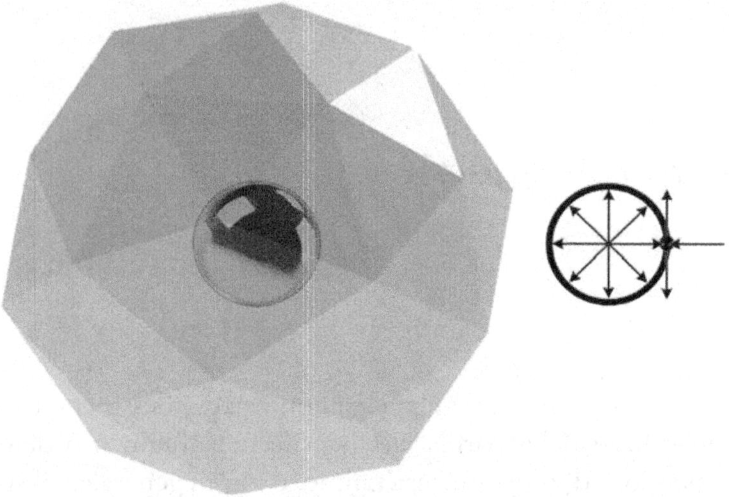

Figura 4. *Equilibrio di una bolla di fluido sotto pressione racchiusa all'interno di una matrice solida. Il fluido spinge contro la parete con la stessa intensità in tutte le direzioni e sempre ortogonalmente alla parete. La matrice solida contrasta l'espansione della bolla, generando un caratteristico stato di sforzo in ogni punto dell'interfaccia tra solido e fluido, costituito da due spinte opposte compressive radiali (frecce orizzontali) e due spinte opposte di trazione tangenziali (frecce verticali).*

sua stessa gravità progressivamente si stratifica, si ordina. I contrasti tra materiali eterogenei cercano una tregua affidandosi alle spinte di galleggiamento, le quali trascinano verso l'esterno del pianeta il materiale meno denso quando è intrappolato in uno più denso, il quale, al contrario, sprofonda quanto più gli è possibile, fintantoché può attraversare un materiale meno denso.

Talvolta questo intrappolamento può essere un modo per conservare quella bolla di materiale delicato, vulnerabile, dentro una robusta matrice ospitante. Vorremmo catturare quella bolla d'aria sprigionata nelle profondità affinché possa mantenersi nelle stesse identiche condizioni in cui si è originata. Potremmo fare in modo che una volta individuate due identiche bolle, una di esse si possa intrappolare in un solido, fosse anche ghiaccio, ma vetro andrebbe ugualmente bene. Immaginiamo che mentre iniziamo a risalire in superficie osserviamo la bollicina all'interno della matrice protettiva e l'altra analoga bolla libera nell'oceano. Ogni dieci metri del nostro recupero la pressione esterna diminuisce di una quantità pari alla pressione atmosferica. La bolla libera dopo alcune decine di metri ha visibilmente cambiato volume, si è espansa notevolmente. La bolla intrappolata sembra identica all'inizio. Ma cosa sta succedendo al solido che la sta ospitando?

Quella piccola cavità contente gas intrappolato in un solido, anche se in un processo lento e progressivo, non è molto diversa da un ordigno esplosivo. Il contrasto tra pressione interna e pressione esterna mette la matrice a dura prova: se volessimo portare quella bolla intatta in superficie, la sua matrice dovrebbe vincere la sua tendenza a espandersi evitando di... evitando di... Cosa occorrerebbe esattamente scongiurare? A quale *moto* la matrice deve resistere? È chiaro che la matrice non debba *esplodere*, ma dire ciò non aiuta a capire con precisione quale evento elementare, semplice, sta alla base del *cedimento* della matrice.

Entriamo all'interno della bolla e tentiamo di mimare l'effetto del gas intrappolato sulle pareti della cavità.

Per semplificare il problema, senza svilirlo, immaginiamo di poter riprodurre l'evoluzione dell'intero sistema, matrice più cavità sferica, come evoluzione di un insieme numeroso e indefinito di sezioni bidimensionali che attraversano il centro della cavità. In queste sezioni individuiamo un cerchio che separa la cavità, all'interno, con la matrice solida, all'esterno. Ora anche noi, come mimi del gas, siamo costretti ad agire in un mondo bidimensionale. Le nostre mani, ad esempio, per poter agire contro la parete circolare per espanderla potranno *spingere* lungo la direzione di un raggio, cioè la direzione che congiunge il centro della cavità con il punto su cui stiamo applicando la spinta, oppure potranno *tendere tangenzialmente* la parete, come quando si cerca di riaprire le porte scorrevoli automatiche dei vagoni della metropolitana. Dobbiamo però ricordarci che stiamo mimando un gas, cioè un fluido, pertanto non sarebbe a noi concesso di esercitare spinte tangenziali, altrimenti menzionate in precedenza come spinte esercitate parallelamente alla superficie. Il vincolo geometrico del cerchio e la condizione di continuità, che per nessuna valida ragione al momento vogliamo abbandonare, impongono che se noi anche spingiamo soltanto contro ogni punto del cerchio, la deformazione coerente del cerchio prevede che in ognuno di questi punti si generi sia una sollecitazione compressiva – direttamente ricollegabile alla nostra spinta – sia una di trazione tangenziale estensiva. La stessa cosa succederebbe a un cerchione di una bicicletta sollecitato a espandersi sotto la spinta di raggi della ruota che cominciassero ad allungarsi.

Concentriamoci sullo stato di sollecitazione a cui è soggetto un punto qualsiasi del cerchio: compressione lungo una direzione (quella di un raggio) e trazione in una direzione ortogonale alla precedente. Non è immediato accorgersene, ma questa combinazione di forze è il modo più efficace per sfaldare un solido lungo una direzione intermedia tra le due coinvolte direttamente dall'azione delle forze. Lo sfaldamento è il risultato, in un solido, dell'azione di forze che agiscono parallelamente a una superficie. L'azione di compressione e trazione in una configurazione incrociata equivale cioè all'applicazione di una coppia di forze opposte in azione parallelamente a una superficie disposta lungo una direzione intermedia rispetto a quelle dell'incrocio. Queste forze, come possiamo ricordare, sono la causa del fluire di un fluido. Un solido, non potendo fluire, potrà resistere, fino al limite in cui si fratturerà, promuovendo lo scorrimento di un suo settore rispetto a un altro. Frattura però significa cedimento, fallimento. La matrice in questo modo non è più custodia dalla bolla. L'involucro si è rotto, la sua protezione è persa.

La lotta per la sopravvivenza dell'ospite richiede di trovare un giusto compromesso tra *solidità* e *fluidità*. La matrice ospitante deve essere robusta, rigida, tenace quanto più possibile per proteggere l'ospite. Dovrà altresì saper gestire l'effetto inesorabile delle coppie di forze parallele alle superfici. In un certo senso, vorremmo che questa matrice fosse sì solida, ma anche... liquida. Perché sappiamo che, all'equilibrio, allo stato liquido nella materia non si possono generare forze parallele alle superfici. È evidente la necessità di scendere a un compromesso, che soddisferemo facendo alcune assunzioni in merito proprio all'intensità che possono raggiungere queste forze. Non potendo porre a zero questa intensità – la qual cosa snaturerebbe in puro liquido il nostro solido – sceglieremo però un limite massimo raggiungibile, oltre il quale la nostra matrice da solida imperturbabile comincerà a fluire. Fluirà, ma sotto l'azione di forze persistenti parallele alle superfici. A questa speciale fluidità dei solidi si dà il nome di *plasticità*. Quindi, sotto opportune condizioni, i solidi possono cedere plasticamente. Questo

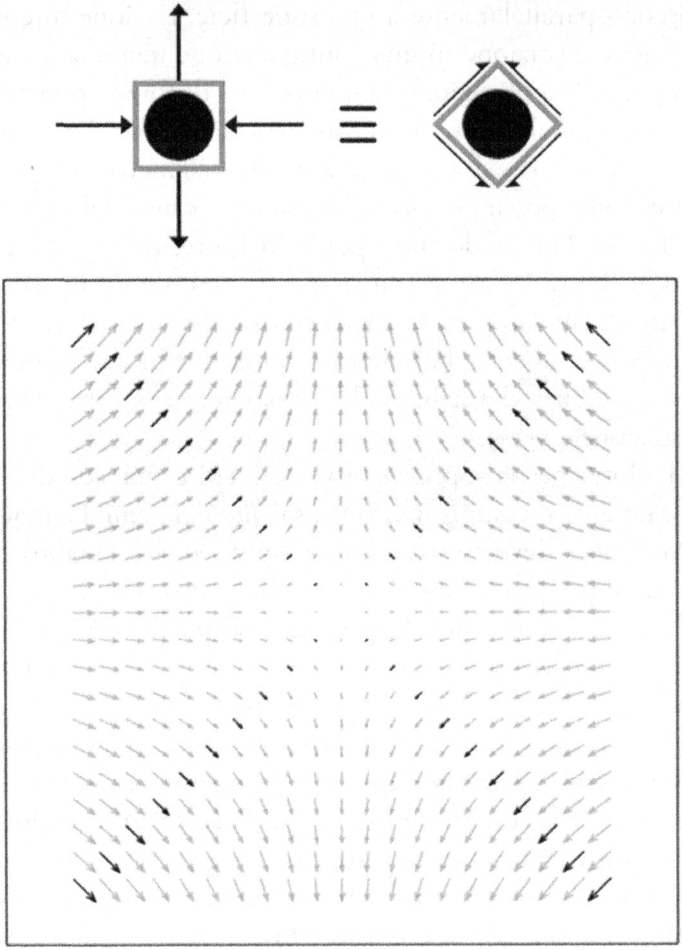

Figura 5. *La configurazione di forze dei punti all'interfaccia di figura 4 è equivalente a quella di un taglio puro, eseguito lungo due direzioni a 45° rispetto alla coppia di direzioni lungo le quali agiscono le spinte precedenti. Le traiettorie di flusso di un blocco di materiale deformato da questo sforzo permettono di illustrare questa equivalenza apparentemente inconcepibile.*

cedimento strutturale mantiene la coesione del solido, a differenza dello sfaldamento, il quale determina la genesi di una discontinuità.

All'interno di quella bolla stiamo lentamente dirigendoci verso la superficie del mare. Attraverso la trasparenza della matrice che ci contiene osserviamo la bolla libera a qualche metro da noi che continua a espandersi. La sua dimensione è così aumentata da impedire di seguirne esattamente i contorni. Spostiamo lo sguardo verso la parete che ci contiene e la preoccupazione sale dentro di noi. La sfera che ci stringe sappiamo essere sottoposta a sforzi progressivamente più intensi e già immaginiamo fratture incrociate generarsi come se qualcuno dall'interno iniziasse a picconare la parete. Al contrario, uno straterello di fluido coeso inizia a formarsi. Il suo spessore aumenta insieme alla risalita e a un certo punto si stabilizza e la nostra cavità un poco comincia a espandersi, silenziosamente; come un lento respiro. Il guizzo finale annuncia il raggiungimento della meta. Stiamo galleggiando e tutto è in perfetta coesione.

Il nostro libero compagno di viaggio ci vede ormai dall'alto. Siamo laggiù, rannicchiati dentro la nostra cavità, protetti e al sicuro. Intorno a noi uno scudo, involucro di *liquido*. Non potrebbe essere altro se non liquido. Non potrebbe avere altra forma se non quella di una sfera.

Per orientarsi

Fissando lo sguardo sulla superficie dell'acqua, specialmente quella di un lago d'estate, oleoso e lento, in una giornata afosa e un poco cinerea, potrebbe farsi strada una sensazione sgradevole di disorientamento, mista anche a panico. Negli specchi d'acqua dove la luce fatica a penetrare, la massa di liquido assume un aspetto spettrale, misterioso. Quella massa diventa una gola senza fine, dove l'unico conforto è limitato ai riflessi che da alcune angolazioni, o per piccoli spostamenti indotti dal vento, restituiscono ai nostri occhi un breve zampillo vitale. Dietro quel bagliore di vita, nero ignoto. Ammettere forme di vita al suo interno sembra tanto stonato da aspettarci, nel caso, solo creature ai limiti del mostruoso. Nei frangenti in cui ci si ritrova in ambienti sconosciuti e ostili, il riscontro di diversità, variazione, cambiamento a seconda della direzione lungo la quale si osserva risulterebbe di grande conforto. L'immutabilità del panorama, unito all'oscurità e all'anossia può rendere un'immersione qualcosa di terrificante. In contrasto con le esigenze di continuità e armonia delle forme, si insinua il conforto nel percepire una evoluzione delle percezioni con la direzione del percorso di esplorazione. Questa caratteristica viene

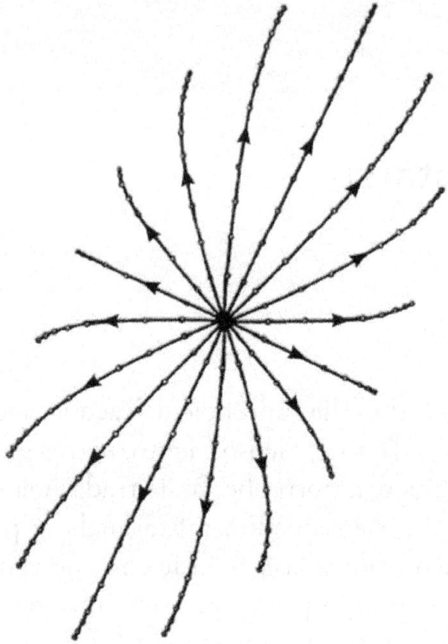

Figura 6. *Traiettorie di un oggetto che scivola su di una superficie che presenta una direzione di massimo attrito longitudinale e una di minimo attrito longitudinale, ortogonali tra di loro.*

chiamata *anisotropia* e, per quanto abbiamo discusso finora, potrebbe essere definita come l'insieme delle caratteristiche del sistema che mutano la sua percezione da cerchio perfetto a figura con forma meno simmetrica. L'anisotropia è un forte scostamento dall'idealità e quindi comporta sostanziali complicazioni in più per lo sviluppo di un modello fisico descrittivo di un sistema. Ma rassegnarsi al fatto che non tutta la materia sia semplicemente acqua significa in un certo senso ammettere l'esistenza di anisotropia. La natura isotropa dell'acqua è connessa con la perfezione del cerchio che descrive la spinta che essa esercita su tutti i punti della superficie del nostro corpo. Anche muovendoci, spostandoci nelle nostre immersioni non noteremmo variazioni. La spinta che l'acqua ci restituisce a seguito del nostro movimento, quello che chiamiamo attrito, è uguale in tutte le direzioni, e quindi non potremmo sfruttarla per distinguere una traiettoria rispetto a un'altra.

Su una superficie solida le cose vanno diversamente. Siamo soliti pensare che scivolando su un piano l'attrito si manifesti come spinta contraria al nostro moto ma diretta esattamente lungo la direzione (rettilinea) di scivolamento. Ma molti di noi sperimentano ogni anno scivolate, soprattutto lungo pendii innevati, per le quali ci aspetteremmo una traiettoria rettilinea ma che in realtà si realizza con deviazioni notevoli. Questo fenomeno è un effetto dell'anisotropia dell'attrito.

Nel caso più semplice, e quindi più amato, consideriamo una superficie con la caratteristica di sviluppare un attrito intenso a seguito dello scivolamento lungo una direzione e uno debole lungo un'altra direzione ortogonale alla precedente. L'attrito è una forza. Quindi questa configurazione di forze deve richiamare energicamente quella inerente alla cavità soggetta al moto di risalita dal profondo oceano. Come in quel caso, la diversità delle forze applicate lungo direzioni ortogonali fra loro fa scaturire effetti inaspettati lungo direzioni intermedie. Nella cavità si generano forze di taglio, responsabili degli esiti più critici della sollecitazione di un materiale, come quello della sua fratturazione. Nel corpo che scivola si generano spinte laterali che deviano la traiettoria del suo moto. Quando lo scivolamento avviene lungo queste direzioni intermedie, il corpo che sta scivolando traccia una traiettoria curva che tende a portarlo a imboccare la via a cui corrisponde l'attrito longitudinale più debole. Lanciando in scivolata a raggiera un insieme di oggetti su una superficie di questo tipo noteremmo che essi tenderebbero dopo progressive deviazioni a viaggiare lungo linee parallele alla direzione di minimo attrito.

Osservazioni di questo tipo stimolano sempre una considerazione nei riguardi della natura. Sembra che essa governi tutte le sue trasformazioni rispettando sempre un certo criterio di pigrizia. Questa etica è rispettata, come abbiamo già avuto modo di capire, dai fenomeni di aggregazione delle particelle responsabili della crescita di una nuova fase. Della natura è altrettanto nota la parsimonia e completa rinuncia al superfluo. Di fatto, tutto ciò che identifichiamo come cambiamento nel mondo che ci circonda è costituito da un insieme di processi che avvengono con un unico obiettivo: ricavare un vantaggio in termini di *relax*. Se allo stato finale associamo un carattere di maggiore relax rispetto a quello iniziale, il passaggio dall'uno all'altro avverrà spontaneamente. Se invece questo passaggio non comporta alcun guadagno o perdita di relax, significa che i due stati sono in equilibrio.

Per quantificare almeno in senso relativo un livello di relax, faremo riferimento alla quantità di energia che abbiamo a disposizione per compiere una delle azioni principali responsabili dell'aumento del nostro *stress*: il lavoro. In apparente contraddizione, gli scienziati attribuiscono l'aggettivo *libera* a questa quota di energia, e il livello di stress diminuisce proporzionalmente al consumo di questa energia (verificare che lavorando si guadagni anche libertà a questo punto rischierebbe solo di aggravare la contraddizione). Il lavoro di cui dovremmo parlare, quello *meccanico*, è un concetto assai meno complesso del lavoro inteso come impiego o prestazione professionale. Innanzitutto non siamo noi a compiere lavoro, sono le forze. Consideriamo l'operazione più ricorrente associata a lavoro meccanico: il sollevamento di un peso. Quando solleviamo un peso, come ad esempio una valigia, normalmente abbiamo in mente un tragitto verticale da compiere a velocità pressoché costante. Questo significa che la nostra spinta di sollevamento deve essere uguale e opposta alla forza peso. Ciò dimostra che le forze in gioco sono almeno due: due forze, due lavori. Il lavoro della forza peso si valuta con una operazione molto semplice, finché ci spostiamo nel territorio esplorabile sulla nostra crosta terrestre. Cambiamo però esempio, molliamo la valigia e supponiamo di voler salire in sella a una bicicletta in cima al colle del Ghisallo, situato a 750 metri sul livello del mare. Il lavoro che compie la forza peso si calcola moltiplicando massa, accelerazione di gravità (9,8, espressa in metri al secondo per ogni secondo) e dislivello (espresso in metri). Se massa del ciclista e della bicicletta sommate assieme fanno 100 chilogrammi, questa operazione di moltiplicazione produce un numero, 740.000, espresso in una unità di misura che prende il nome di Joule. Questa quantità convertita in una unità di misura più comune si leggerebbe 180 chilocalorie. Qual è allora il lavoro compiuto dalla nostra spinta di sollevamento?

Per dare una risposta di *principio* diremmo che la nostra spinta dovrà compiere *almeno* 180 chilocalorie di lavoro. Questa energia proviene dal nostro organismo, il quale la preleva attraverso una sorta di combustione dagli alimenti che ivi si introducono. Per produrre 180 chilocalorie di energia occorrono ad esempio circa 50 grammi di zucchero (ovvero una decina di bustine da caffetteria). A questo stadio potremmo concludere che per garantirci le risorse sufficienti per scalare il Ghisallo avremmo bisogno di nutrirci di almeno 10 bustine di zucchero. Nel rispetto di argomentazioni altrettanto di *principio*, dovremmo in realtà convenire che per garantirci le risorse sufficienti per scalare il Ghisallo noi avremmo bisogno di nutrirci *sicuramente di più* di 10 bustine di zucchero.

In questo surplus energetico si nasconde una vera e propria condanna. Si potrebbe proprio definire come una specie di tributo che l'ambiente riscuote ogniqualvolta una forma di energia si trasforma in un'altra. Abitualmente diciamo che una macchina è inefficiente se ci fornisce poco lavoro utile a fronte di una grossa spesa investita per la sua alimentazione. Esiste un limite per cui questa inefficienza non è attribuibile a tecnicismi perfettibili. Questo limite, ahinoi, è intrinseco del nostro universo, per cui tutte le volte che avviene una conversione di una energia in un'altra di diversa natura, parte di questo budget viene inesorabilmente trasformato in un qualcosa di non più utile ai fini nobili della produzione di lavoro meccanico. Viene degradato. Per cui aggiungere qualche bustina di zucchero in più alla nostra carica prima di affrontare una salita non ha il solo scopo di compensare l'inefficienza del nostro metabolismo, ma è una operazione necessaria in quanto nel nostro corpo l'energia che lo zucchero ha in potenza subisce diverse trasformazioni e in ognuno di questi passaggi si paga un tributo.

Questo tributo, questa condanna, si chiama *entropia*. La sua esistenza è ammessa per principio. Nel senso che da quando l'uomo si è accorto che l'universo lo versa da più di quattordici miliardi di anni nessun individuo è riuscito a riprodurre una trasformazione senza che ciò avvenisse. Nessuno. Per cui anche in un mezzo di trasporto estremamente efficiente, se è prevista una conversione da una forma di energia a un'altra, ad esempio da chimica del carburante a meccanica e poi a elettrica e poi ancora meccanica, in ognuno di questi passaggi verrà comunque spesa una parte di energia in con-tributo entropico. In questo ambito il quasi-paradiso fiscale si raggiunge riducendo al minimo le trasformazioni.

Seppur ineluttabile condanna, l'entropia permette al mondo di essere percepito come lo conosciamo e ci consente di essere coscienti della nostra esistenza. Dà una direzione ai processi, determina l'opportunità di un legame di causa-effetto, della logica. È il fondamento della possibilità di distinguere, escludere, scegliere. È lo scorrere del tempo.

Tornando alle attitudini di rilassamento della natura, si stabilisce che una trasformazione avviene spontaneamente se essa comporta una diminuzione di energia libera, cioè dell'energia disponibile per compiere lavoro. Dagli argomenti precedenti sappiamo che essa diminuisce non solo per effetto di contributi diretti che "consumano" l'energia disponibile, ma anche per contributi più subdoli, di natura entropica. In una trasformazione spontanea si guadagna *stabilità*, si raggiunge cioè uno stato da cui sarà meno probabile che seguano altre trasformazioni. Per il ciclista in cima al Ghisallo, banalmente, uno stato più stabile corrisponderebbe a raggiungere il fondo valle, consentendo così alla forza di gravità di "consumare" 180 chilocalorie di energia libera (al netto del contributo entropico). Per una soluzione luminescente rossa e una luminescente verde separate da una membrana permeabile, corrisponderebbe invece a miscelarsi per formare una soluzione luminescente gialla. In questo ultimo caso il vantaggio è solo entropico.

L'opportunità di raggiungere una condizione di maggiore stabilità non è però scontata. La natura insegna che ogni cambiamento, seppur con esito favorevole in termini di stabilità, necessita il superamento di barriere. L'altezza di queste barriere, chiamate *barriere cinetiche*, si misura ancora in chilocalorie. Al di là della negatività associabile al loro nome, l'esistenza di barriere cinetiche consente al mondo di evolvere in modo progressivo, rispettando opportune sequenze e gerarchie. Esse hanno impedito al mondo di trasformarsi tutto immediatamente nello stato più stabile che potesse assumere appena un attimo dopo la sua comparsa. Consentono di poter trasportare carburante senza che esso si incendi nel serbatoio ancor prima di raggiungere il motore. Di mantenere l'acqua liquida anche in condizioni di sovrassaturazione, cioè anche se la temperatura scende sotto lo zero. Consentono ai diamanti di rimanere diamanti, limpidi e lucenti, e di non espandersi per trasformarsi in opaca grafite. Ma non meno preziosa.

Le barriere cinetiche oltre a determinare la necessità di una azione di innesco, che è spesa di energia, per attivare una trasformazione, possono anche generare delle trappole durante il percorso di una trasformazione. Se il ciclista ad esempio intraprende la discesa ma non conosce la strada per raggiungere il fondo valle, a un certo punto potrebbe trovarsi di fronte a un bivio. Se l'imbocco della strada che porta al fondo valle presenta in quel punto un dosso che comporterebbe l'arresto del ciclista lanciato in discesa libera, per evitarlo egli sarà portato a deviare verso l'altra strada, che lo porterà in un posto sicuramente più stabile della cima, ma non sarà il più stabile tra quelli che erano previsti. Il ciclista sarebbe così caduto in una trappola cinetica.

Questo tipo di trappole si affrontano ogni giorno. È la nostra natura, altrettanto pigra, che ci impedisce di salire ancora un poco, di aggiungere un ultimo contingente di energia, per conquistare un punto più alto. Da lì, godere di una visuale più ampia per individuare il sentiero che porta nel luogo più stabile disponibile. Muovere il primo passo e compiacersi della discesa. Si è portati invece a scegliere "il percorso più veloce". In questo sta la trappola. L'aggettivo "cinetica" inquadra il fenomeno proprio in termini di velocità. Il processo che porta al fondo valle autentico è molto lento, diremmo al limite del tutto impedito dalla barriera, mentre quello che porta allo stadio con stabilità intermedia è veloce. I dispositivi che consentono di aggirare una barriera cinetica si chiamano *catalizzatori*, a patto che, qualunque sia il sistema di by pass che collega l'inizio della salita del dosso con l'imbocco al di là di questo della via verso il fondo valle, dopo ogni transito effettuato essi si mantengano intatti e disponibili per il prossimo ciclista.

Per analizzare un cambiamento, sia esso un semplice spostamento di un oggetto o una reazione chimica, avremo sempre a disposizione due strumenti. Uno consiste nella valutazione del livello di relax. Esso si realizza con il confronto fra due stati, quello iniziale e quello finale, e ignora ogni dettaglio dell'evoluzione della trasformazione. In particolare ne ignora il legame con il tempo. L'altro si basa sulla valutazione delle forze e quindi sull'applicazione di principi di equilibrio meccanico. Rispetto al primo non si può dire se sia il metodo migliore o peggiore, ma di sicuro consente di guadagnare una visione più dettagliata della fisica del sistema. Entrambi forniscono la stessa previsione di ciò che potrà avvenire spontaneamente, di quello che sarà l'esito finale. Se spingiamo un oggetto per farlo scivolare su una superficie l'esito finale sarà l'arresto dell'oggetto. Ma soltanto il secondo potrà mostrarci tutti i dettagli dell'evoluzione di quel tragitto, istante per istante, svelando, ad esempio, che gli elementi che freneranno il suo cammino non lo costringeranno a rimanere sulla via da cui era partito, ma lo spingeranno a proseguire su un tragitto le cui resistenze saranno certamente minori.

Per scoprire

Difficilmente si programma un viaggio per visitare un posto con l'intento di *andare ad ascoltarlo*. Diremmo mai, per chi è dotato del senso della vista. Non siamo generalmente spinti a viaggiare per *sentire* nuovi posti. Per respirarne l'aria, i profumi, per fare caso ai suoni, alle voci, ai versi. Per acuire il senso scientifico occorre però liberarsi dalla tirannia del senso della vista. In questo modo si è più concentrati nell'esperienza della scoperta, si è più immersi nella diagnosi del proprio ambiente. Anche se non si può vedere. Sconfiggere il pregiudizio visivo è fondamentale per raggiungere importanti traguardi di comprensione. Il dominio sulla materia conquistato da noi, l'uomo, con il quale siamo riusciti a *vedere* fino a distinguere gli atomi, è proprio il frutto di questo esercizio: nella stanza in cui in qualche angolo si nascondeva il loro ritratto, siamo entrati coprendoci gli occhi.

Nel corso di una vacanza è molto probabile cogliere l'occasione per avvicinarsi a una spiaggia. Le spiagge di sabbia ricordano distese di zucchero semolato. Probabilmente è questo ricordo che rende la spiaggia così tanto attraente. Ma a dire il vero è stata la semolatura a rendere più attraente lo zucchero, in quanto con questo trattamento assume

Figura 7. *In questa "piramide" l'equilibrio geometrico del triangolo equilatero è apparentemente rotto da un intervento sulle proporzioni tra i triangoli che popolano i filari orizzontali. Se ci soffermiamo sui triangoli equilateri con vertice verso il basso, notiamo a partire dall'alto una sequenza di schiere di 1, 3, 5, 7 triangoli che prosegue nel rispetto della successione dei numeri dispari. Il rapporto delle dimensioni dei triangoli di schiere orizzontali contigue è pari a 2/3 per le prime due schiere, 4/5 per la seconda e terza, 6/7 per la terza e quarta, e così via. Il processo è ripetuto fino a riempimento dell'intera superficie del triangolo equilatero a cornice. Questa semplice operazione di riscalamento rende tangibile il meccanismo di iterazione tipico dell'attività di ricerca, cioè finalizzata alla scoperta di qualcosa, un processo senza fine ma di cui possiamo definire un preciso obiettivo.*

le sembianze di una porzione di spiaggia corallina. Colpisce, osservando tra una dunetta e l'altra, il movimento delle formiche attraverso i granelli: un cammino che non lascia impronte. D'altronde, nel rispetto dei rapporti tra le dimensioni, il moto di una formica tra i granelli corrisponderebbe al moto di un essere umano tra gli scogli. Allora è facile incantarsi nell'immaginare il mondo visto con gli occhi di una formica: granelli di sabbia diventano scogli, scogli diventano montagne, onde diventano tsunami da apocalisse, la pioggia uno stormo di canadair. È però l'altra deriva che ci interessa, quella che spinge verso il sempre più piccolo. La formica coi suoi piccoli occhi riesce a mettere un po' a fuoco gli atomi? Forse è necessario un insetto ancora più piccolo? Un ragnetto rosso?

Nel corso di questa acuta meditazione, da clima decisamente vacanziero, abbiamo in realtà eseguito un esercizio profondamente scientifico, che si esprime con l'abilità di esplorare diversi ordini di grandezza di una stessa quantità fisica. Questa grandezza è la dimensione, la taglia di un corpo e, per esempio, nel passaggio da uomo a formica e viceversa, cambia di tre ordini di grandezza: 1 m per l'uomo, 0,001 m per la formica. Ora stringiamo tra indice e pollice un granello raccolto nella spiaggia Le Calandre di Ventimiglia, saliamo su una automobile e, a una velocità ragionevole, continuando a stringere tra le dita quel granello, intraprendiamo un viaggio che ci porterà alla spiaggia di Fontane Bianche a Siracusa. Avremo percorso una distanza dell'ordine di 1000 km. E mentre questi 1000 km scorrevano sotto i nostri piedi, abbiamo avuto modo di osservare il paesaggio, di ascoltare i rumori del viaggio, di sentire gli odori e di sopportare periodi di freddo oppure di afa. E tra pollice e indice sempre questo granello, piccolo granello di un solo millimetro trasportato per un tragitto di un miliardo di millimetri. Questo esperimento, alla portata di tutti, permette di esplorare nove ordini di grandezza per la quantità lunghezza. Considerando che il nostro pianeta ha un diametro dell'ordine di 10.000 km e che l'oggetto più piccolo che il nostro occhio (giovane) può ancora distinguere è dell'ordine di 0,1 mm, potremmo dire che l'esperienza dell'uomo sulla Terra gli consente di esplorare undici ordini di grandezza per la quantità lunghezza.

A questo punto possiamo chiederci se esiste un modo per fare esperienza di lunghezze oltre questi limiti inferiore e superiore. La Luna si trova a una distanza di un ordine di grandezza in più rispetto al diametro della Terra. E saremmo a dodici. Ma l'esplorazione più impressionante punta in direzione opposta. È l'immersione nel *submicrometrico* la vera rivoluzione.

Partiamo dal presupposto, anzi dal pregiudizio, che noi vorremmo *vedere* questo mondo esageratamente piccolo. Per questo motivo appare del tutto lecito illuminare un oggetto e sfruttare la luce per osservare con più dettagli possibili le sue caratteristiche. La luce è quindi una sonda che noi lanciamo sugli oggetti e che essi restituiscono ai nostri occhi, i quali ci permettono di elaborare una immagine dell'oggetto, solitamente finalizzata a una rappresentazione della sua morfologia. La luce, per la nostra percezione, appare come un qualcosa di continuo. Difatti molte rappresentazioni utilizzano una semplice linea (un *raggio*) per raffigurarla. Con un raggio luminoso noi rendiamo giustizia a una sola caratteristica della luce, cioè alla sua facoltà di propagarsi. La luce è di fatto un impulso che si propaga. Però questo impulso non è costituito da una singola variazione, bensì da una successione di variazioni che avvengono a una certa frequenza. Questo ha una conseguenza importante in quanto farebbe scaturire tra i segni distintivi della luce non soltanto la sua direzione di propagazione ma anche una sua lunghezza caratteristica. Questa lunghezza caratteristica è il rapporto tra la velocità di propagazione e la frequenza: la *lunghezza d'onda*, appunto. Assegnata una lunghezza caratteristica alla nostra sonda, diventa possibile quantificare il livello dei dettagli che una immagine luminosa può raggiungere. Questa sonda funzionerà bene finché il livello di dettaglio che ci interessa raggiungere è sostanzialmente inferiore rispetto alla metrica delle variazioni che la propagazione dell'onda stessa comporta. Possiamo esprimere il livello di dettaglio esattamente come quantità metrica, pertanto confronteremo questa quantità con la lunghezza d'onda. Con essa quindi si identifica il limite inferiore della metrica esplorabile dalla luce. La lunghezza d'onda della luce visibile è dell'ordine di un millesimo di millimetro, ovvero un *micrometro*. È quindi questo il nuovo record con il quale raggiungiamo i quattordici ordini di grandezza: due ordini di grandezza in più all'interno del mondo submillimetrico che è possibile guadagnare attraverso gli oculari e gli obiettivi di un microscopio ottico.

La porta è chiusa di fronte a noi. Al di là di quel micrometro, sbirciando attraverso la serratura, soltanto buio. Lo scenario è scoraggiante, ma quante volte ci è già successo di ritrovarci in una stanza completamente al buio e di essere comunque costretti all'esplorazione?

Evitiamo di soffermarci troppo a riprendere la goffaggine dei nostri movimenti quando, improvvisamente avvolti dalle tenebre come dopo un blackout mentre siamo sotto la doccia, tentiamo di ricomporci in modo degno per andare a riarmare l'interruttore generale, talvolta installato fuori dall'appartamento. Varchiamo invece quella soglia lentamente, immergiamoci nelle oscurità come fossero acqua termale, cerchiamo il primo oggetto con cui stabilire un contatto con la punta delle dita.

Il primo passo è il contatto. Esso inizia con l'instaurarsi del processo di restituzione di una spinta. Il contatto è di per sé lo stabilirsi dell'equilibrio non banale, quello che si ottiene quando le forze applicate su un oggetto sono diverse, ma con una distribuzione tale da annullarsi.

Il secondo passo è lo scivolamento. Anch'esso tende a essere "di equilibrio", in quanto la mano trascina le dita con una velocità costante, la resistenza della superficie è esattamente pari all'intensità del nostro trascinare.

Il terzo passo è tracciare un tragitto, per poi ripercorrerlo in direzione opposta, e poi ripetere ancora, e ancora, e ancora, finché non siamo sazi di sentire. Quello che sentiamo è in gran parte dovuto all'azione di una sonda: i nostri polpastrelli. A differenza della luce, questa sonda non si propaga. Ma in analogia con la luce, ha una lunghezza caratteristica. Questa lunghezza è nota a tutte le persone dotate di vista in quanto se osserviamo da vicino la punta delle nostre dita noteremo la morfologia tipica dei dermatoglifi. Quella alternanza di protuberanze e avvallamenti è del tutto assimilabile alla lunghezza d'onda della luce. È in ogni caso la lunghezza caratteristica delle nostre sonde tattili. In questo insieme, sappiamo in realtà che i dispositivi migliori non sono i nostri polpastrelli, ma è la punta della nostra lingua. In questo caso la strategia è comunque analoga: le papille e il modo in cui sono distribuite sulla superficie della lingua determineranno la lunghezza caratteristica.

Nel tracciare quel percorso, fosse con un dito o con la lingua o qualsiasi altro dispositivo, l'esito fondamentale del nostro sentire è frutto del confronto tra due lunghezze caratteristiche: quella della superficie e quella della sonda. Se l'alternarsi delle corrugazioni fondamentali della superficie è molto più ampio di quello della sonda, essa registrerà perfettamente il profilo della superficie rivelando le caratteristiche precise di queste corrugazioni. Se al contrario l'alternarsi delle corrugazioni fondamentali della superficie è molto più fitto di quello della sonda, essa non potrà svelarne nessuna caratteristica in quanto la sentirà perfettamente liscia, piatta, priva di ogni morfologia. Il limite di *risoluzione* così come per la luce, è rappresentato dalla lunghezza caratteristica della sonda. Pertanto il nostro tatto, a cui abbiamo affidato la nostra incolumità nel primo tratto di esplorazione della camera, ci consentirà di ricostruire la forma degli oggetti che tocchiamo con un livello di dettaglio confrontabile con quello di un dermatoglifo.

Il motivo per cui siamo entrati in questa stanza, sarebbe il caso di ricordare, era di superare un limite di scala che si era arenato all'ordine dei millesimi di millimetro. Apparentemente ora siamo in una situazione di stallo per aver raggiunto un limite dell'ordine dei decimi di millimetro.

L'apparato tattile a nostra disposizione per sentire l'ambiente si basa sulla risposta di una collettività di recettori, in quanto il nostro corpo non è dotato di settori sensibili tanto sottili da poter essere utilizzati come uno stilo o, ancora meglio, come le antenne di un insetto. Il termine *antenna* è legato all'opportunità di ricevere e trasmettere segnali, e in un insetto di fatto le antenne sono coinvolte in molti scambi chimici con l'ambiente. Potremmo però associare alle antenne la funzionalità di sonda tattile, in linea di principio utilizzabile per ricostruire il profilo di una superficie a partire dall'insieme di stimoli percepiti a seguito del suo trascinamento lungo opportuni percorsi. L'insetto potrebbe spostarsi e contemporaneamente "arare" il terreno con le antenne, registrandone i movimenti di salita e discesa, dai quali ricavare un modello della topografia di superficie. Quale sarebbe il limite di risoluzione di questo sistema è presto dedotto. Sfortunatamente una tale opportunità non è disponibile per il nostro corpo. Tuttavia, fabbricare una antenna artificiale con dimensioni ben al di sotto di quelle di una antenna di insetto e predisporre di un sistema di movimentazione della sonda su scale submillimetriche e di registrazione dei suoi movimenti sono tutte opportunità a disposizione del pubblico da quasi trent'anni. Nessuna luce, nessuna lente, nessun... microscopio! Eppure con questo principio potremmo indugiare su quell'oggetto che abbiamo accarezzato appena entrati nella camera oscura fino a poterne descrivere corrugazioni dovute a schiere di singoli atomi presenti sulla superficie. Quale sonda potrà essere utilizzata per sondare la materia con tale livello di risoluzione? La risposta è: la materia stessa. Alla base di questo artificio vi è la possibilità concreta di creare oggetti così acuminati a partire da materiali che per loro natura sono costituiti da schieramenti ordinati di elementi: i cristalli. È cosa piuttosto comune associare superfici a specchio, spigoli affilati, vertici acuminati a materiali cristallini come gemme di minerali, sale, zucchero. L'anisotropia del loro processo di crescita, come di quello di dissoluzione, di quei sottili equilibri dinamici che particella dopo particella forgiano la nuova fase che cresce, permetterà di generare forme tutt'altro che sferiche, cuspidi tanto sottili da essere costituite al loro apice da un solo atomo. Sarà poi con questa antenna che porteremo quel singolo atomo a contatto con la superficie. Sarà lui alla estremità della spinta, che la sonda eserciterà sulla superficie per poterla sentire; sarà lui a stabilire il contatto, a mantenerlo in ogni istante e in ogni altro punto del suo percorso. Sarà la difesa dell'equilibrio tra la spinta dell'atomo sulla superficie e la spinta che essa a lui restituirà, il principio con il quale riusciremo a *vedere* gli atomi.

Per ricordare

La mole di scienziati del nostro passato, il sacrificio vissuto e le vicissitudini superate da molti di loro, invitano a un atteggiamento di grande umiltà, da parte in particolare di chi quotidianamente si dà un gran daffare per rendere in qualche modo loro omaggio, pur riconoscendo che il contributo che oggi riesce a dare alla società è per lo più completamente ignorato. In queste pagine comparirà il nome di soltanto uno di questi scienziati, con la certezza che i nomi di tutti gli altri abbiano già più volte fatto eco nella mente del lettore. Egli ha consegnato all'umanità la chiave con la quale una piccola frazione di terrestri ha potuto varcare la soglia che separava l'universo percepito da quello compreso. Questa chiave è racchiusa in un aforisma che attribuiamo a lui, chiaramente. A Galileo. L'aforisma è il seguente: «Misura tutto ciò che è misurabile e rendi misurabile ciò che non lo è».

In una frase di quattordici parole, tre volte è ripetuto "misura". Il dogma risale a quattro secoli fa. Nel corso degli ultimi quattro secoli l'opera degli scienziati, dei ricercatori, si è sviluppata a partire da questa primitiva azione: misurare. L'aforisma non risparmia un certo sarcasmo, in quanto pare ammettere e negare allo stesso tempo la possibilità che

esista qualcosa che non sia misurabile. L'imperativo "rendi misurabile ciò che non lo è" di fatto potrebbe essere trasformato nell'autorevole "trova un metodo valido per misurare ciò che non è stato ancora misurato".

Se mentre ragioniamo su questo punto avessimo appena immerso una gamba nell'acqua, sarebbe molto probabile chiedersi se ci troviamo nelle condizioni opportune per effettuare una qualche misura. Potrà sicuramente sembrare ingenuo, ma stabilire un contatto con una sostanza nuova immergendovisi è una strategia efficace per studiare quella sostanza. Sappiamo bene che istintivamente ogni bambino tende a ficcare le proprie manine entro qualsiasi accumulo

Figura 8. *Equilibrio meccanico ottenuto bilanciando la massa della Terra con quella di una ninfetta, facendo perno sulla Luna. È l'esperimento che pare immaginò Archimede (Siracusa, 287-212 a.C.) a seguito delle sue prodigiose dimostrazioni di applicazione delle leve. In questa rappresentazione, Terra e Luna hanno proporzioni verosimili, ma nella realtà la loro distanza corrisponde a circa trenta diametri terrestri (30 × 12700 km). L'equilibrio di questo sistema dovrebbe essere garantito dall'uguaglianza tra il rapporto massa della Terra/massa della ninfa e il rapporto braccio di leva della ninfa (distanza ninfa-Luna)/ braccio di leva della Terra (distanza Terra-Luna). Assumendo di appoggiare la leva sulla Luna fissa posta a un diametro lunare (circa 3500 km) dalla Terra, al fine di poter equilibrare il peso della Terra, la ninfetta dovrebbe fare leva con il suo peso a una distanza di diecimila miliardi di anni luce dalla Luna...*

di nuova sostanza con l'idea di esplorarla, di sondarla, di osservarne le reazioni alle sollecitazioni. È un atteggiamento da non reprimere seppur non privo rischi per l'incolumità del piccolo. È espressione di spirito di osservazione attiva, in quanto ciò che registra dall'esperienza è diretta conseguenza delle sue azioni. In opposizione a una osservazione passiva, la quale, come accade per un birdwatcher, si limiterebbe a registrare una serie di eventi completamente indipendenti dalla sua volontà. Tutti siamo portati a credere a un racconto di un birdwatcher. Questo perché tutte le osservazioni del birdwatcher avvengono nel pieno rispetto dell'equilibrio naturale. Mentre se qualcuno ci interpellasse per chiederci com'è l'acqua, proprio nel momento in cui abbiamo appena immerso la gamba, molto probabilmente esclameremmo che è fredda. Per poi ricrederci pochi istanti dopo: l'acqua è tiepida e immersi si sta benissimo.

Il nostro corpo, i nostri sensi, sono strumento di misura. Per quanto la natura non predispone i suoi sistemi per valutare numericamente parametri interni e ambientali ma solo per identificare delle soglie, ognuno di noi entro certi intervalli saprebbe dare una stima della lunghezza di un oggetto guardandolo, dell'intensità di un suono udendolo, o della temperatura di un corpo toccandolo. E, in particolare per questa ultima operazione, sa bene che prima di esprimere la stima sarebbe meglio attendere qualche momento. La stessa cautela è prevista se al posto dei nostri sensi utilizzassimo un termometro. Forse da bambini non lo capivamo ma ora, da adulti, sappiamo bene che la lettura di un termometro è affidabile solo se si garantisce che questa sonda abbia raggiunto l'*equilibrio termico* con la superficie del nostro corpo. La temperatura è misurabile solo se si riesce a stabilire un equilibrio tra termometro e corpo. Ma non basta.

Se infatti usassimo un termometro domestico per misurare la temperatura di un volume di liquido contenuto in un tappo di tubetto di dentifricio, la lettura che ne risulterebbe sarebbe con alta probabilità falsa, anche se attendessimo un tempo sufficientemente lungo. Il termometro usato rimane pur sempre una sonda valida per misurare la temperatura, ma in questo caso il suo impatto sul sistema da misurare potrebbe essere drammatico. Il calore scambiato tra il termometro e il ridotto volume di liquido potrebbe provocare una forte variazione della temperatura di questo ultimo. La nostra lettura corrisponderà quindi alla temperatura finale del liquido, la quale potrebbe essere molto diversa da quella iniziale. La temperatura è misurabile solo se si riesce a stabilire un equilibrio tra termometro e corpo, e solo se l'uso del termometro comporta una perturbazione trascurabile dello stato del corpo.

Per essere sicuri delle nostre valutazioni bisogna quindi attenersi all'atteggiamento del birdwatcher? Sarebbe equivalente ad ammettere che per conoscere una persona basterebbe ascoltarla.

L'affidabilità delle osservazioni delle scienze naturali è insita nel suo carattere passivo. Equilibrio e rispetto del limite di perturbabilità sono intrinsecamente soddisfatti. Per spingersi oltre nella conoscenza occorre un atteggiamento più attivo, pur mantenendo coscienza di questi limiti. Una rispettosa aggressione della natura si realizza con l'opera della sperimentazione. E sperimentare significa eseguire misurazioni. Rendere misurabile ciò che non lo è (ancora) significa acquisire un vantaggio di conoscenza verso quel sistema che prima si osservava passivamente, e che ora si inizia a dominare attraverso l'introduzione di opportune sonde. Nel gesto irruente del bimbo che immerge le mani in ogni dove si annida uno spirito di sperimentazione. Tuttavia l'opera del bimbo ha un esito utile soltanto per se stesso, in quanto non porta a una precisa stima numerica condivisibile di quei parametri che lo sperimentatore sta sondando. Questa stima è sempre il frutto di un confronto eseguito tra l'effetto del sistema che sto misurando sulla mia sonda e quello di un sistema modello. Senza perdersi in generalizzazioni estreme, tutte le considerazioni utili del caso possono essere dedotte dall'utilizzo dello strumento che è diventato simbolo della misura: la bilancia a bracci uguali. L'uguaglianza dei due bracci permette di stabilire quando la massa contenuta in un piatto raggiunge la quantità di riferimento contenuta nell'altro piatto: equilibrio-confronto. Le operazioni per accomodare la massa da misurare sul piatto della bilancia nella maggior parte dei casi non comportano nessuna variazione per la massa stessa: sistema imperturbato. La rappresentatività di questo strumento nell'ambito della sperimentazione è davvero sorprendente. Attraverso operazioni semplicissime, gesti rispettosi di tutte le caratteristiche del sistema da misurare, si possono raggiungere livelli di accuratezza molto elevati.

Poco meno rudimentale di una bilancia a bracci uguali, ma altrettanto rappresentativo del significato di misurare, è un altro oggetto noto a ognuno di noi, quasi senza limiti di età: la molla. Vista nella sua essenzialità, una molla è un dispositivo che a seguito di uno spostamento genera una spinta e, viceversa, se subisce una spinta reagisce con uno spostamento. Il contributo tecnologico nella fabbricazione di questo oggetto, in grado di renderlo strumento di misura di significativo livello di accuratezza, si realizza nella possibilità di conoscere con precisione la relazione tra spostamento e spinta. Garantito ciò, la molla si trasforma in un misuratore di forze: un dinamometro. Il principio di equilibrio associato al funzionamento di una molla è immediatamente verificabile: l'effetto di una spinta applicata su una estremità della molla provoca la sua rapida deformazione, la quale genera una spinta opposta progressivamente più intensa fino al punto in cui sarà uguale alla precedente. Il principio di imperturbabilità in questo caso è intrinsecamente rispettato in quanto una molla non ha modo di intervenire sulla sorgente della spinta. La riflessione più importante per l'applicabilità di questo strumento di misura è riferibile più che altro alla sua sensibilità.

Una molla estremamente rigida non si accorgerà di deboli sollecitazioni applicate alle sue estremità. Al contrario, una molla delicata e vulnerabile verrà completamente schiacciata da spinte intense e decise. A ogni forza deve corrispondere una giusta molla, quella che cederà o si allungherà di una quantità ragionevole sotto l'azione della spinta o della trazione da misurare.

Si è confuso un po' apposta il concetto di strumento di misura con quello di sonda. Quando uno strumento di misura diventa sonda significa che è giunto il momento di portare lo strumento in un ambiente specifico. Se questo ambiente è la stanza priva di luce entro cui teniamo ancora serrate le dita sul primo oggetto che siamo riusciti ad afferrare appena entrati, se questo oggetto è la superficie su cui avvicineremo l'antenna più acuminata che siamo riusciti a crescere, allora su questa antenna istalleremo una microscopica molla, niente che non possa essere già costruito in serie e con processi economici, e questa molla sarà il dinamometro con cui disputeremo una gara a braccio-di-ferro con singoli atomi della superficie. Quali forze dovremmo misurare? Saranno forze confrontabili con la forza peso di un oggetto di un decimillesimo di milligrammo. Trascinando questo minuscolo stilo sulla superficie, come volessimo dipingerla, si solleciteranno le deformazioni della molla. Questi movimenti a loro volta potranno essere misurati colpendo la molla con un raggio luminoso e osservando su uno schermo gli spostamenti del raggio riflesso. Posto lo schermo a una distanza sufficiente, esso potrà amplificare e rendere misurabili spostamenti anche al di sotto delle dimensioni di un singolo atomo. Ecco raggiunto il nuovo limite: quattro ordini di grandezza al di sotto del micrometro. L'esperienza metrica a portata di ogni essere umano consente di esplorare diciotto ordini di grandezza.

La molla sembrerebbe una pura opportunità data da alcuni materiali forgiati con appropriate forme, come l'elica di acciaio degli ammortizzatori o un trampolino elastico di resina. In realtà sistemi che generano una forza di richiamo, che reagiscono cioè a una sollecitazione in modo da ripristinare la configurazione di equilibrio, sono in generale sistemi in cui si esprime una forma di legame. Nella miseria di quel ritratto statico della molecola d'acqua abbiamo considerato un modello rigido, in cui le distanze sbalorditive tra atomi di idrogeno e ossigeno non cambiano. Siamo però abituati a dire che l'ossigeno *lega* a sé due atomi di idrogeno. Ma quella che consideriamo lunghezza del legame è una distanza di equilibrio, al di sotto della quale la coppia di atomi si respingerebbe, al di sopra della quale si attrarrebbe. Il risultato è che la coppia di corpi legati vive in uno stato di perenne oscillazione. In ogni molecola d'acqua i legami oscillano compiendo migliaia di miliardi di cicli ogni secondo. Questa frequenza di oscillazione si conosce con molta accuratezza. Come è possibile conoscere un dato tanto assurdo? Ovviamente è stato misurato! Ecco un esempio di come siamo stati capaci di rendere misurabile ciò che non lo è. Con le mani giunte a conca riempiamole dell'acqua che sgorga dal rubinetto all'antica. Restiamo a osservare il liquido che lentamente si rilassa dal viaggio nel volume delimitato dalle nostre mani. Ogni cosa nota di quello speciale quasi-vuoto deriva da una misura: gli atomi che lo compongono, la loro massa, la lunghezza dei legami chimici, la distanza tra le molecole, si aggiungono alla frequenza di oscillazione.

Oscillazioni, o più comunemente, vibrazioni, sono alla base dei fenomeni che più profondamente coinvolgono le nostre percezioni: suono e luce. In virtù della relazione che sussiste tra vibrazioni e legame, suono e luce emergono come espressioni correnti di un legame. Corde vocali, corde di violino, di chitarra, emettono suoni in quanto corpi solidi in tensione. Tensione che può stabilirsi grazie alla coesione della struttura della corda, ai legami tra le sue componenti. La sollecitazione della corda con l'aria, l'arco o il plettro, consente di deformarla come fosse una molla e di metterla in vibrazione. L'oscillazione della corda si trasmette all'aria, attraverso la quale può propagarsi e trasmettersi ai nostri timpani. La crosta terrestre emette onde sismiche in quanto corpo solido sotto sforzo in alcuni punti in cui le placche convergono. Lo sforzo deforma porzioni di crosta come fossero molle. Periodicamente queste molle si liberano dallo sforzo che sostengono, si rilassano improvvisamente, scattano, propagando la vibrazione attraverso il volume del pianeta. Un raggio luminoso è invece il frutto della vibrazione di cariche elettriche, le quali sono proprio gli ingredienti di un atomo, espressione del legame tra nucleo (positivo) ed elettroni (negativi), e quindi di tutta la materia, espressione del legame tra atomi. Le oscillazioni degli atomi, come quelle di ossigeno e idrogeno dell'acqua, determinano spostamenti di carica, dai quali scaturisce la luce.

Notiamo a questo punto che la luce che avevamo invocato per osservare la materia, la sonda che noi lanciamo sugli oggetti e che essi restituiscono ai nostri occhi, è in realtà già contenuta nella materia. Lo stratagemma di bendarci per costringerci a *sentire* la materia, per arrivare a toccare con il tatto di un atomo, non è in realtà molto dissimile dall'uso della luce. Usare la luce o usare la materia come sonde per analizzare altra materia in realtà non fa molta differenza. Nelle fondamenta dell'opportunità di conoscere sta il contatto. Avvicinare la punta alla superficie da ispezionare crea il loro legame. Attraverso questo legame possiamo ascoltare la superficie. Contemporaneamente, con operazioni che rispettano la vulnerabilità di questo legame, possiamo anche interrogare la superficie, esercitando dall'esterno piccole spinte e registrando la risposta. Con un raggio di luce possiamo compiere un'operazione del tutto simile. Interroghiamo l'oggetto in quanto la luce stimola alcune vibrazioni della materia, dalle quali viene restituita un'eco luminosa, che possiamo registrare. Prendere contatto con la realtà. Come il bambino con le sue mani sperimenta il mondo che lo circonda; trascorre ore immergendole in acqua. Spappolano cibo, lanciano oggetti, strofinano superfici, scavano la materia. Questa ricerca sembra durare solo un breve periodo, come se, raggiunto un livello base di sperimentazione, di confidenza con l'ambiente, si sentissero sollevate dalla necessità di continuare questa pratica. Nella vita dovrebbe invece mantenersi accesa l'esigenza di conoscere la verità delle cose, dovrebbe progredire l'istinto di sperimentazione con l'obiettivo perpetuo di adoperarsi per imparare a toccare i propri limiti. La ricerca scientifica inietta questo tipo di linfa: induce a portare ai limiti estremi gli strumenti pratici e teorici a disposizione per conoscere i sistemi che ci circondano e per generare nuovo progresso negli stessi strumenti.

Abbiamo scoperto l'infinitamente piccolo esplorando al buio lo spazio di una stanza. Immaginiamo cosa sarebbe possibile scoprire accendendo anche la luce.

Per legare, per fluire

Guardati allo specchio. Sei acqua. Sei vuoto. Solido o liquido? Luce? Carica? Cosa vedono i tuoi occhi? La verità è che i nostri occhi a volte ci vedono come se noi fossimo acqua. A volte come se noi fossimo vuoto. Altre come se fossimo liquido, oppure solido. L'esperienza si traduce sempre in un modello di quello che abbiamo vissuto. Questo modello ci spiega quanto sia successo sulla base delle nostre interrogazioni, delle sonde che abbiamo usato, e di altre contingenze che talvolta non possiamo controllare. Cambiando uno di questi fattori, il modello potrebbe crollare e andrebbe perfezionato o sostituito con un altro. Un modello non è un'opinione, non è un giudizio. La differenza tra costruire un modello ed esprimere un giudizio equivale alla differenza tra dire a un soggetto "ti comporti come se fossi pazzo" e dire "tu sei pazzo". Così un materiale si comporta a volte come se fosse solido, a volte come se fosse liquido. Non è importante aver capito esattamente cosa sia quel materiale. L'importante è aver definito precisamente cosa si intenda per solido e cosa per liquido.

Vi è un esempio particolarmente efficace per rendere l'idea di cosa significhi descrivere un materiale sulla base dei

Figura 9. *Poter fare riferimento a delle "immagini", visioni o sensazioni che siano, è un meccanismo necessario a ogni processo di comprensione. Nella mia personale esperienza ci sono simboli così fortemente ricorrenti da dominare il panorama di tutto quello che ho avuto la possibilità di conoscere. Sono cerchi, che diventano ellissi, sono sia forze sia trasformazioni geometriche, equilibrio e movimento. Nel loro sovrapporsi nel rispetto di una continuità geometrica compongono l'impronta, delicatamente legate nella loro tangenza, si assottigliano e non si incrociano mai. Insieme esse davvero fluiscono, a guisa di un vortice senza fine ma diretto perfettamente al centro. Gli eraclitei ne avevano piena coscienza molto prima che si sviluppasse la fisica: tutto fluisce.*

suoi comportamenti, piuttosto che sulla base di quello che è in realtà. In tempi recenti gli scienziati si sono accorti che un gran numero di proprietà tipiche dei metalli possono essere spiegate considerando essi come dei gas. Proprio così: gas. Non gas degli atomi che li costituiscono, ma gas di elettroni, confinati a volare nel volume occupato dal metallo (solido). La scienza si sviluppa in questa maniera. Evitando ogni tipo di pregiudizio. Se si fossero intestarditi a considerare un metallo solo e soltanto come un sistema condensato, coeso e congelato, gli scienziati non sarebbero arrivati a spiegare alcunché di questa classe di materiali. Pensate alla cosa più assurda e la realtà ve ne mostrerà una ancora più stonata.

La realtà si spiega con dei modelli, così come un plastico spiegherebbe un progetto architettonico, così come un manichino spiegherebbe in che modo un umano indossa i vestiti. Il modello non è un umano, non è l'opera architettonica; non è la realtà. Sulla base della conoscenza di ogni mattoncino che compone il modello possiamo spiegare molti comportamenti della realtà e giungere alla sua migliore approssimazione. Ognuno di noi in testa ha un modello interpretativo degli eventi a cui assiste, costruito sulle fondamenta della propria esperienza e conoscenza. Ognuno di noi ha un modello per ciò che conosce, non solo per oggetti o fenomeni, ma anche per le persone. Quando pensiamo: "Se fosse capitato a *lei* avrebbe sicuramente detto *così*" facciamo una previsione della realtà interrogando il modello che abbiamo creato di una persona che pensiamo di conoscere bene.

Dobbiamo premunirci di quei mattoncini, devono essere semplici, ben definiti, omogenei e incorruttibili. Imparare a usarli nel modo corretto; la loro disposizione segue opportune regole di coerenza.

L'ironia della sorte mi porta a scrivere dell'importanza del concetto di legame proprio durante l'emergenza sanitaria scoppiata all'inizio del 2020. Le ordinanze di prevenzione ci costringono all'isolamento, a ridurre fino ad azzerare gli spostamenti. Per alcuni è un vero e proprio internato, presi in contropiede dagli eventi non hanno potuto ricongiungersi con i propri compagni di vita. Così imparano a intonarsi con la solitudine. Il vuoto dilaga come una piena di un fiume invisibile, che sale persino i pendii, liquido che riempie ogni angolo, e non conosce limite inferiore dello spazio ove penetrare. Silenzio e quiete rendono impalpabili quei minuti in cui ci si corica all'aperto per respirare aria fresca. L'uscio si apre ma non entra nulla. Nessun rumore. L'aperto è invaso da un fluido inabitabile, e la nostra mente insinua campi di repulsione mentre muove i nostri passi che partecipano alle poche sistematiche azioni consentite negli spazi comuni.

Eppure, anche in queste condizioni, io sento l'influenza dei legami. Legami compromessi ma che, per quanto possa essere incommensurabilmente grande la separazione tra le parti una volta unite, avranno sempre l'opportunità di ricostituirsi.

Questa opportunità sta nella natura delle interazioni. L'interazione tra corpi, qualsiasi cosa o vivente essi siano, non si spegne mai e non si spegne neanche per separazioni notevoli. Questa caratteristica si chiama interazione a *lungo raggio*. L'attrazione che ogni massa esercita verso altre masse, siano esse due atomi o due pianeti, è a lungo raggio. L'attrazione e la repulsione che un sistema di cariche esercita su un altro sistema di cariche è a lungo raggio.

Un corpo in generale, anche se elettricamente neutro, è un raggruppamento di cariche, protoni ed elettroni, e di massa, il cui contributo effettivo è dovuto a protoni e neutroni. Esistono particelle con massa ma prive di carica, ma non esistono particelle cariche prive di massa. Per cui in generale l'interazione è il risultato della concertazione di attrazioni gravitazionali e di origine elettrica, e di repulsioni di origine elettrica. Sarà da questa ipotesi che costruiremo un modello di legame.

In uno stato iniziale tra due parti massive ma elettricamente neutre, consideriamo esse occupino due posizioni a notevole distanza l'una dall'altra, cioè a una distanza molto più grande della dimensione delle parti stesse. Le due parti si sentono. Vuole dire che si attraggono. Una spinta è esercitata sulla prima verso la seconda, e un'altra spinta, di pari intensità della precedente, è esercitata sulla seconda verso la prima. Le due spinte, uguali e opposte, sono applicate su due punti di materia ognuno dei quali identifica una parte. La disparità tra la dimensione delle parti e la loro separazione fa sì che esse risultino a tutti gli effetti pratici soltanto dei punti. L'unica lunghezza caratteristica del sistema, in questo stadio, è la distanza tra le parti. I due punti, se liberi di spostarsi, iniziano a convergere in linea retta. Due forze uguali e opposte che si spostano. Nessuna caratteristica di questo problema lo rende diverso da una discesa di un ciclista lungo un pendio. L'unica differenza che vorremmo introdurre ora è che, mentre i punti si avvicinano, la forza con la quale si attraggono aumenta, a differenza di quello che accade tra il centro della Terra e il ciclista, la cui attrazione, entro la breve escursione verticale concessa ai noi terrestri, rimane invariata.

Non c'è distanza sufficiente per cancellare l'interazione di un corpo su un altro. È vero che l'interazione diminuisce progressivamente con la distanza ma mai si spegne, neanche tra due punti ai confini opposti dell'universo. Ogni volta che le parti diminuiscono la loro separazione, l'intensità della loro reciproca attrazione aumenta e cattura sempre più le due parti. Fino al limite in cui le traiettorie degli sciami minuti di moscerini delle due parti iniziano a incrociarsi, oltre il quale repulsione ed esclusione iniziano a dettare legge. Il raggio di azione di questi effetti è estremamente ridotto, ma anch'essi in realtà non si annullano mai. E la loro impennata con la riduzione della separazione è vertiginosa, in quanto per ogni suo dimezzamento l'intensità della repulsione aumenta di più di ottomila volte.

L'esisto della contesa dovrebbe essere chiaro. Se attrazione e repulsione fossero interazioni opposte ma identiche in intensità, ogni configurazione delle parti rappresenterebbe una situazione di equilibrio, e ognuna di esse navigherebbe nello spazio con traiettorie rettilinee e con velocità costante, in attesa soltanto di qualche eventuale collisione. Ma attrazione e repulsione sono fenomeni asimmetrici, per quanto entrambi monotòni con la distanza. Questo comporta che per ogni coppia di parti esista una sola distanza di equilibrio. Per separazioni appena inferiori a questa distanza si innesca il contatto, uno scudo impenetrabile, barriera ripidissima. Per separazione leggermente superiori si innesca il richiamo. La sua stretta non è però progressivamente più efficace, bensì raggiunge un valore massimo per un certo discostamento dall'equilibrio, per poi affievolirsi, allentarsi progressivamente, senza mai svanire.

Fossero queste due parti due molecole d'acqua, la loro reciproca cattura avverrebbe a una distanza di equilibrio confrontabile con le dimensioni dei due oggetti. Se bastasse questo, cioè se fosse sufficiente per due molecole abbandonarsi alla loro reciproca attrazione per saldarsi, tutta la materia esistente si troverebbe in uno stato condensato.

Occorre però fare i conti con quanto ci circonda, perché a seconda di come lo spazio intorno si configura, delle interazioni che instauriamo con altri oggetti, noi possiamo trarne energia, la quale può intervenire sullo stato del legame. La salita o discesa del ciclista consiste solo nello spostamento di un cumulo di materia da un punto a un altro di un universo che, nel tempo che trascorre per rendere possibile questa operazione, rimane perfettamente invariato. L'interazione tra il ciclista è il resto dell'universo è dominata dalla forza di attrazione gravitazionale che spinge lui verso il centro della Terra, e spinge la Terra verso di lui. C'è un accumulatore invisibile tra lui e il centro della Terra che si carica quando egli guadagna altitudine, e si scarica quando perde quota. Se, diversamente, si spostasse lungo un meridiano o un parallelo, il livello dell'accumulatore rimarrebbe a tutti gli effetti pratici inalterato. Qualunque sia l'esito del tentativo del ciclista di orientarsi, scelto un sito da cui partire e uno a cui arrivare, il lavoro della forza di attrazione gravitazionale che la Terra esercita sul ciclista sarà sempre il prodotto di massa per accelerazione di gravità per dislivello. Se il ciclista dovesse percorrere il perimetro completo del continente che lo ospita partendo da un punto e tornando esattamente nello stesso punto, la sua forza peso non svolgerebbe nessun lavoro netto. In questo caso il dislivello totale sarebbe nullo, pertanto nullo è il lavoro. La forza-peso svolge un lavoro sul ciclista a seguito del suo spostamento in cima alla collina. Lo stesso identico lavoro potrà essere "restituito" dalla forza peso che agisce sul ciclista quando egli dalla cima raggiungerà il punto da cui era partito. Per distinguere lavoro svolto da lavoro restituito si indicano segni opposti. Il lavoro per salire in cima al Ghisallo è -740.000 Joule, quello per scendere +740.000 Joule. Per il sistema ciclista-Terra, ogni punto sulla crosta terrestre potrebbe essere associato a una certa variazione di Joule rispetto a un punto preso come riferimento. A questa variazione di Joule si dà il nome di *energia potenziale gravitazionale*. Essa è la quantità di cui si carica l'accumulatore invisibile. Il termine *potenziale* vorrebbe proprio esprimere la condizione secondo cui tanto più essa è alta quanto più alta risulterà la possibilità di compiere lavoro. Il ciclista in cima al Ghisallo ha una energia potenziale di 740.000 Joule maggiore di quella che avrebbe a livello del mare: se il ciclista riesce a raggiungere la cima, lanciandosi in discesa al di là del colle, la sua forza-peso potrà compiere 740.000 Joule di lavoro. Questo giustifica l'espressione: potrà degradare 740.000 Joule di energia (potenziale), raggiungendo una configurazione da cui sarà meno probabile poter compiere altro lavoro, ma da cui potrà godere di un maggiore relax.

È importante notare che lo stesso discorso non vale per tutte le forze. La simmetria che sussiste tra energia consumata ed energia restituita, lavoro svolto-lavoro restituito, è garantita soltanto da quelle forze, come quella gravitazionale, il cui lavoro sia indipendente dal percorso scelto. Se considerassimo ad esempio un'altra forza presente durante gli spostamenti del ciclista, come quella di attrito con l'aria, ci accorgeremmo che a ogni punto raggiungibile dal ciclista corrisponderebbe un lavoro diverso compiuto dalla forza di attrito a seconda del tragitto intrapreso. In particolare, ci accorgeremmo che in un percorso di andata e ritorno il lavoro netto non sarebbe mai nullo. Questo esclude la possibilità di associare a ogni punto della crosta terrestre un unico valore di energia potenziale di attrito. Per questo motivo non esiste una energia *potenziale* associata alle forze di attrito.

Tornando all'avvicinamento di due punti generici dovuto alla reciproca attrazione, possiamo ora tentare di tradurre la loro interazione in termini energetici. Per farlo dobbiamo prima verificare che la forza che li attrae sia una forza che *lavora* come la forza di attrazione gravitazionale. Questo è vero in quanto il legame tra le due parti generato da contributi elettrostatici oltre che gravitazionali si sviluppa sempre con una simmetria centrale (le traiettorie di spinta convergono tutte su uno stesso punto) e dipende solo dalla distanza tra le parti. Questo garantisce che il lavoro delle forze di reciproca attrazione dipenda solo dalla configurazione iniziale e finale del sistema. Per una distanza infinitamente grande tra le parti, potremmo associare un valore massimo di energia potenziale: l'accumulatore è carico a più non posso. L'avvicinamento delle parti provoca un aumento delle forze di interazione nella stessa direzione del loro spostamento: l'energia potenziale diminuisce, il ciclista è in discesa. Il processo continua ma la rampa non è lineare, il percorso è sempre più in pendenza e il punto più basso corrisponde alla distanza in corrispondenza della quale le forze da attrattive diventano repulsive. Ecco l'equilibrio. Dopo il fondo, avvicinandosi ulteriormente, la parete diventa ripidissima. Il ciclista si ritrova in una buca: da una parte una falesia, dall'altra un colle affrontabile, oltre il quale la salita procede ma molto modestamente. Per le due parti la chiameremo *buca di potenziale*.

Essere legati significa quindi trovarsi in una buca di energia potenziale. L'opportunità di assegnare dei connotati energetici a questa configurazione apre molte possibilità di cambiamento, in quanto l'energia è un capitale trasferibile. Tutto ciò che esiste di misurabile, e misurabile in Joule, può essere depositato nella buca, così come dalla buca si può estrarre dell'energia. Come membro di una coppia legata, il modo con cui abito questa buca può essere molto variabile. Se pensiamo a cosa succede a una biglia lanciata verso una buca scavata nella sabbia, dovremmo aspettarci che ogni qualvolta le parti riescono ad avvicinarsi abbastanza, l'influenza della buca comporta sempre – dopo un transiente in cui la biglia oscilla un poco oppure percorre qualche ciclo sulle pareti della buca – il raggiungimento stabile del suo fondo. Per un legame equivarrebbe al mantenimento della distanza di equilibrio. Ma sappiamo, perché lo abbiamo misurato, che ogni legame, come quello tra ossigeno e idrogeno nell'acqua, oscilla intorno a una distanza di equilibrio. Questa oscillazione rispecchia altre forme di energia che le parti conservano anche se all'interno di una buca. Il fondo sarebbe permanentemente occupato solo se le parti fossero completamente prive di energia. L'ambiente intorno al sistema legato può scambiare continuamente con esso contingenti energetici. Abbiamo visto che l'oscillazione stessa del legame provoca uno spostamento periodico di cariche, le quali, come in una antenna, diventano emettitori di radiazione infrarossa. Questa emissione è energia che abbandonando il sistema può irradiarsi nell'ambiente. Per cui se non ci fosse nessun altro meccanismo di ripristino, l'oscillazione si smorzerebbe, e le due parti tenderebbero progressivamente a fermarsi. Ma se l'ambiente è popolato da altre molecole di acqua e la temperatura è mantenuta costante, il meccanismo di ripristino può innescarsi, in quanto la radiazione emessa da una molecola può essere riassorbita da un'altra e gli urti tra una molecola e l'altra omogeneizzano lo stato di agitazione globale. La temperatura è un modo per misurare lo stato di agitazione globale di un sistema; ci dice che il sistema ha in sé un certo contenuto energetico. Chiamiamo *calore* quella parte di energia che possiamo trasferire mettendo a contatto il sistema con un altro a temperatura diversa. Si misura esattamente come il lavoro, che si misura esattamente come la variazione di energia potenziale, che si misura esattamente come l'energia elastica immagazzinata in una molla, o quella trasportata dalla luce. Il legame ha una natura estremamente dinamica, rappresenta il risultato della competizione tra l'energia che le due parti conservano per esse stesse e il vortice che si crea a seguito della loro attrazione. Per questo motivo non tutte le parti tendono a legarsi. Il legame non è sempre vantaggioso se valutato in un contesto di collettività. In realtà la genesi di un complesso di legami, e quindi di un aggregato di parti, crea sempre uno stato di tensione, fino a che non si supera una certa dimensione; soltanto dopo aver superato questa dimensione, la crescita dell'aggregato diventa spontanea. Tutti gli eventi precedenti sono una sorta di scommessa. Alla base di questa tensione sta l'opera delle superfici.

Questo vale in particolare per le trasformazioni da fasi fluide a fasi solide. Si potrebbe pensare che se ci fosse abbastanza affollamento, cioè sovrassaturazione, tutto il nutriente spontaneamente e istantaneamente dovrebbe condensare nella nuova fase coesa, solida, forse anche cristallina. Ma nel momento in cui anche poche particelle si incontrano e si legano a formare un piccolo grappolo, inevitabilmente la dimensione finita dell'aggregato comporta una differenziazione delle sedi occupate: ci saranno sedi notevolmente vantaggiose, in cui la particella è circondata dal massimo numero di altre particelle alle quali legarsi. Queste sono le sedi interne al volume dell'aggregato. Ci saranno poi sedi meno vantaggiose, in cui la particella presenta zone scoperte, in comunicazione con l'ambiente esterno. L'insieme di queste sedi delinea la superficie della nuova fase. La superficie, lo sappiamo, conta tanto di più quanto più piccolo è il germe che si sta formando. Da essa dipende tutta la tensione che sbarra l'evento di crescita: finché il nucleo non supera una certa soglia di dimensione, la trasformazione nella nuova fase non sarà spontanea. Sotto questa soglia l'aggregato accumula energia libera mentre si sviluppa, la quale ha come effetto quello di spingerlo di nuovo alla dissoluzione. La genesi di una nuova fase non è un processo che permette di guadagnare relax. Nella superficie, nel confine tra ciò che sta crescendo e tutto il resto che lo circonda, sta racchiusa tutta la tensione dell'evento trasformazione. Fa eccezione soltanto il caso in cui nel sistema possa intervenire una superficie estranea. Una superficie che possa in qualche modo fare da culla della fase nascente. Dovrebbe cioè garantire dei forti legami con una superficie della fase nascente senza compromettere quelli che alla nuova fase serve formare per crescere. Rispettare i legami del germe che si sta sviluppando significa rispettarne le distanze di equilibrio. Pertanto la rete dei legami della superficie estranea dovrebbe accordarsi al meglio con la rete di legami dello strato che la sovrasterà. Questo accordo è noto con il nome di *epitassia*. Essa è quindi una strategia, sia naturale sia artificiale, per abbassare fino a eliminare le barriere per la crescita di nuove fasi. Anzi, se applicata con sufficiente astuzia potrebbe far crescere esattamente ciò che vogliamo a discapito di quello che spontaneamente genererebbe la natura in assenza di quel corpo estraneo della superficie. Oppure, se accidentalmente si verificasse questo tipo di affinità nella mischia di eventi di dissoluzione e ricondensazione, troveremmo a termine della tempesta di nascite e crescite dei materiali che non ci saremmo mai aspettati. La disputa tra volume e superficie ha quasi sempre come esito il trionfo di questa ultima. Forse solo nello spazio interstellare ci sono condizioni tali da consentire la condensazione di una fase senza intervento anche di un solo corpuscolo estraneo. In tutti gli altri casi, una superficie preformata, anche se non molto affine con ciò che spinge per nascere, governa l'intero esito della trasformazione.

Sigmund Freud ipotizzò che nel tempo in cui la vita si generò dalla materia inanimata si creò una forte tensione che il giovane organismo tentò di sciogliere ritornando alla vita inanimata. Non so quanto Freud potesse saperne di fisica, ma trovo che in quel termine, tensione, che in fisica si utilizza per indicare diverse grandezze, riesca a dare un senso molto concreto al processo che chiamiamo vita. Quando diciamo che la vita è uno stato di tensione, diciamo che è espressione di un legame. Legame chiaramente in senso collettivo, una moltitudine di legami, di tensioni, che collaborano a un'unica corda tesa che raccoglie tutto il significato di una sola parola: vita. Non è un caso che si utilizzi il verbo *spezzare* per indicare il termine di uno stato di vita. Tutti percepiamo la vita come tensione, sappiamo che i primi passi della crescita sono criticissimi, che quel *mi cantino* è tanto sottile e vulnerabile da lasciarci sospesi e in apprensione per mesi. Sappiamo anche che una volta superate alcune barriere la vita è un processo esplosivo, ancora tensione che diventa catapulta, la crescita è a dismisura, sembra non ci siano più ostacoli, il bimbo è robusto e tondo, trascina a sé con le mani tutto il mondo e lo divora con occhi, naso, orecchie e bocca. La tensione cresce, e con lei lo spessore della corda. Per mantenersi tesa, per non degenerare troppo velocemente, necessita di succhiare continuamente entropia negativa. Questa è cibo e acqua freschi e genuini, della qualità migliore possibile. E non solo. Perché è anche musica, e luce. Impronte radianti del legame, della coesione della materia da cui provengono, della sua tensione, raggiungono le nostre orecchie e i nostri occhi per depositare la loro carica entropica negativa. È questo il motivo per il quale musica e luce, immagini, colori, sono essenziali per sopravvivere, esattamente quanto il cibo genuino. È questo il motivo per cui la musica seduce chiunque, nessuno escluso, per cui l'arte abbia un ruolo di nutrimento per l'uomo. Per questo motivo un ignaro bimbo si cimenta in una danza quando è investito da melodie che lo aggradano; ché l'entropia ricevuta si abbassa a tal punto da costringere il bersaglio a ripristinare un livello di disordine accettabile, scatenando un balletto che nessuno gli ha insegnato. Allo stesso modo, in un adulto, l'ordine delle composizioni musicali, l'armonia di un quadro, la geometria di un panorama, la coerenza delle scienze, spingono a elaborare processi di sottrazione entropica. È l'appagamento più grande, tale e quale alla consumazione di un pasto sopraffino dopo un estenuante digiuno. A compensazione del degrado, della decomposizione a cui è destinato tutto ciò che è vita, sta la ricerca di ordine. La limpidezza e lucentezza di una gemma, i suoi spigoli affilati e perfettamente rettilinei, la sua simmetria. L'attrazione che scatena la materia cristallina riflette la nostra fame di ordine, l'arma con la quale contrastiamo la decadenza della nostra esistenza. Il desiderio fisiologico e fisico di sostenere la tensione della vita ci porta alla continua ricerca di ordine cristallino in tutto quello che ci circonda generando in noi sensazioni indispensabili per contrastare il degrado. Questo ordine ha un sinonimo: bellezza. Se non fossimo destinati alla morte, essa non avrebbe giustificazione alla sua esistenza. Essa non è superflua, non è inutile; è fondamentale alla sopravvivenza.

Il bimbo cresce, e ora è uomo, è donna, adulti con uno scudo coriaceo, ispessito dalle lotte della gioventù. La tensione si sposta più all'interno, la corda somiglia a una cima arsa dall'effetto di sole e salsedine, meno elastica, ma sempre forte, più forte di tutte le altre giovani. La cima lavora, trascina al vento vele che hanno fatto compiere lunghi tragitti. Poi, la sosta. La corda è ferma, tra due carrucole esauste. Una alla volta le fibre cedono. Non c'è più lavoro. La vita si spezza. C'è solo equilibrio. Equilibrio è sempre un nuovo legame. La vita è legame. È lo stesso carbonio che dal diamante passa all'anidride carbonica, e dall'anidride carbonica allo zucchero e alla vita, e poi ancora da capo. La vita si spezza ma i legami rimangono. Solo è il concerto di quella moltitudine di corde, di quelle tensioni, che al posto di presentarsi in un tutt'uno, è sparso nel resto del mondo che possiamo percepire.

Mare calmo, immobile a perdita d'occhio, battigia esclusa, su cui conserva un pigro battito di ciglia che risuona come il respiro aritmico di chi riposa in dormiveglia, mentre il giorno è in procinto di spegnersi. Il livello dell'acqua appena sopra le ginocchia, appoggiamo sulla superficie una tavoletta e ci culliamo facendola scivolare da una parte all'altra, molto lentamente, percorrendo un arco di fronte a noi. Gesto istintivo, che ci incanta. Scivolare senza resistenza sembra un prodigio, in un mondo devoto a tassarci per ogni operazione che richieda un trasferimento di energia. Questo fluire silenzioso, per file parallele e ordinato, trasmette un grande senso di tranquillità. Dopo alcune oscillazioni di questa culla, altrettanto spontaneo è provare ad accelerare il movimento, per cogliere quel limite oltre il quale le linee si rompono, si intrecciano e avvolgono; il silenzio si interrompe, la resistenza emerge. L'incanto svanisce e al suo posto il caos.

A seconda della natura del fluido e del modo con cui lo sollecitiamo, sappiamo che esso si muove nel rispetto di due regimi. Uno incantevole, noto come flusso laminare. L'altro inquietante, noto come flusso turbolento. Il confine che separa questi due regimi non è mai netto, ma il nostro desiderio di fare ordine ci porta a suggerire una distinzione. La sollecitazione che induciamo spingendo la tavoletta sulla superficie dell'acqua è molto precisa. Questo movimento costringe uno strato di liquido – quello che aderisce alla superficie inferiore della tavoletta – a spostarsi orizzontalmente. Le interazioni che questo strato conserva con uno strato adiacente sottostante provocano un effetto di trascinamento, per cui tutti gli strati a una profondità maggiore sono portati a seguire lo strato superficiale. Questa propensione all'inseguimento dipende dalla resistenza che ogni strato di liquido oppone al movimento dell'altro. Resistenza che prende il nome di *viscosità*. L'acqua evidentemente ha una viscosità relativamente bassa, quasi inesistente. Per questo motivo, a seguito di una piccola spinta è possibile compiere un lungo tragitto scivolando sull'acqua prima di fermarsi. Fluire con moto laminare significa proprio consentire lo scorrimento di uno strato di materia rispetto all'altro, senza che essi incrocino mai i loro tragitti. Ogni materiale, solido o liquido che sia, può muoversi fluendo. Per un materiale idealmente inviscido, di cui l'acqua rappresenta una buona approssimazione, è possibile fluire senza dispendio di energia. Ciò significa che la forza applicata parallelamente alla superficie della tavoletta, cioè uno sforzo di taglio, per innescare il suo scivolamento è quasi nulla. In generale un liquido inviscido non potrebbe quindi sostenere sforzi di taglio in nessuna direzione. Per questo motivo il massaggio dell'acqua è così speciale: se ci muoviamo lentamente all'interno di essa non c'è resistenza che si oppone ai nostri movimenti. Tutto ciò che avvertiamo è un senso di avvolgimento dovuto alla pressione, a un aumento del solo sforzo perpendicolare alla superficie della nostra pelle. In queste condizioni parrebbe quindi che in realtà il movimento di taglio di una tavoletta non potrebbe innescare il flusso dell'acqua, in quanto l'assenza di resistenza tra uno strato e l'altro di liquido non consentirebbe al moto di trasmettersi. Se questa resistenza fosse presente, il trascinamento di uno strato di liquido verrebbe innescato, ma avverrebbe con un ritardo via via crescente con la profondità. Questo ritardo si traduce con una velocità di spostamento via via decrescente con la profondità. Tanto più alta è la viscosità, quanto più trascurabile è la differenza di velocità tra uno strato e l'altro.

Questa configurazione di sforzi e scorrimento del fluido si chiama *taglio semplice*. Il mazzo di carte da gioco rappresenta un ottimo modello per raffigurare questo tipo di moto deformativo: applicando una forza parallelamente alla superficie della prima carta in cima al mazzo essa scivola su quella sottostante. L'attrito eventualmente presente tra una carta e l'altra innesca un moto di trascinamento di tutte le altre carte del mazzo, facendo assumere a esso il tipico profilo a rombo, dovuto al fatto che a parità di tempo le carte si sono spostate di una distanza via via inferiore dall'alto verso il basso. Il taglio semplice non è l'unico modo per fare fluire un materiale. Un materiale perfettamente inviscido non potrebbe fluire attraverso questa geometria. Tutti i materiali, indistintamente dalla loro viscosità, possono invece fluire secondo la configurazione del *taglio puro*. Per tagliare puramente un materiale è sufficiente comprimerlo tra due piastre che scorrono lungo pareti fisse – per impedire l'espansione in una direzione del materiale – e tenderlo lungo la direzione ortogonale lungo la quale inizierebbe a espandersi liberamente. Immaginiamo che sia un parallelepipedo con le sue basi a contatto con le piastre. Visto di profilo apparirebbe come un rettangolo. Man mano che le due piastre si avvicinano, se il materiale mantiene invariata la sua densità di massa, noteremo che il profilo si mantiene rettangolare e le basi si allargano, in modo da conservare il volume iniziale. Questo andamento perdura per tutto il percorso di avvicinamento delle piastre. Ma dove stanno gli strati che fluiscono?

Se il parallelepipedo mantiene la sua simmetria durante tutte le fasi della deformazione, il punto che sta esattamente al suo centro rimane immobile. È solo un punto. Disegniamolo al centro del parallelepipedo di materiale che vogliamo schiacciare tra due piastre. Punto di un materiale che vogliamo considerare continuo, per cui con tutte le proprietà di un punto geometrico e di un punto materiale di cui si accennava qualche argomento più sopra. Quel punto centrale sarà l'unico perfettamente immobile durante l'avvicinamento delle piastre. Ora consideriamo l'insieme dei punti lungo un asse orizzontale che include anche il centro. All'estremità di destra e sinistra di questo asse si trovano i due punti che si spostano con la stessa velocità delle piastre verso il centro. Nel nostro continuo identifichiamo al momento tre punti notevoli: il centro, immobile, e gli estremi, in moto con la massima velocità e solidalmente alle piastre. La continuità impone che tutti gli altri punti che giacciono su questa retta si spostino a una velocità diversa, che diminuisce con continuità dagli estremi al centro. Situazione analoga ma con i sensi di percorrenza invertiti si realizza lungo l'asse di simmetria verticale del parallelepipedo.

Consideriamo ora un filare di punti su una linea esattamente a 45° rispetto le due rette precedenti. Questa direzione intermedia tra l'asse di avvicinamento delle piastre e quello ortogonale è una direzione speciale, poiché lungo di essa si genera lo stesso profilo di velocità di scorrimento degli strati di materiale che si genererebbe applicando un taglio semplice, pur agendo dall'esterno solamente con sollecitazioni normali alle superfici. La velocità di scorrimento è massima per punti lontani dal centro e diminuisce fino ad azzerarsi in corrispondenza di esso. Strati a distanze diverse dal centro scorrono a velocità diverse. La *purezza* attribuita a questo tipo di sollecitazione sta nel fatto che, se l'intensità della forza che comprime le piastre è identica a quella della forza che tende le facce ortogonali che si espandono, allora sugli strati che scorrono l'uno rispetto all'altro a 45°

non agisce nessuna pressione, cioè nessuno sforzo normale agli strati stessi, ma soltanto sforzi di taglio. È quindi questa l'opportunità per fare fluire un materiale inviscido come l'acqua.

Tutti gli eventi deformativi sono il risultato dello scivolamento tra strati di materiale. L'evento critico alla base di tutto ciò che vediamo cambiare, trasformarsi irreversibilmente sotto i nostri occhi è il risultato dello scorrimento di strati di materia. Il modo con cui scorrono gli strati è sempre diverso, cambia in relazione a molte caratteristiche sia del materiale, sia dell'ambiente che lo circonda. Le interazioni tra gli strati, il loro essere continuamente legati e non-legati, determinano l'esito dello scorrimento. Il caso limite di un liquido inviscido fa emergere la possibilità di concepire materiali in perenne, continuo movimento, in quanto nessuno sforzo sarebbe richiesto per innescare il loro flusso. Un aspetto che rende intrinsecamente "viva" una sostanza come l'acqua liquida è proprio questo: il suo essere eternamente in moto.

Da bambino una volta mi rivolsi a mia madre e le chiesi di farmi un esempio di qualcosa di eterno. Ebbi l'impressione che avesse già in mente la risposta perché mi accorsi che esitò apposta a fornirmela, un po' per nascondere il fatto che per lei non fosse un pensiero nuovo, un po' per trovare un modo per rispondere che non sfociasse nell'estrema solennità, seriosità o pateticità. Come era il suo solito, rispose esacerbando apposta l'aspetto grave dell'argomento per risolvere l'imbarazzo con una interpretazione grottesca. Con voce artificiosamente baritonale e sgranando gli occhi esalò: "il do-lo-re!".

Molto tempo dopo, quando lei non ci fu più, i miei sospetti furono confermati, perché trovai scritte quelle parole sui fogli di un suo taccuino. Lo scrisse a chiare lettere, e molto prima che glielo chiedessi io: «Eterno come il dolore, breve come la vita...». Il termine *eterno* non si usa nelle scienze. *Infinito* è un vero e proprio lemma tecnico, di cui anche solo in queste brevi digressioni abbiamo avuto modo di fare esperienza. A mio avviso siamo soliti utilizzare colloquialmente il termine *eterno* per indicare non soltanto una estensione nel tempo senza estremi, ma anche per lasciarne intravedere una altrettanto sconfinata estensione nello spazio. Eterno è in un certo senso "da sempre e per sempre e ovunque". Se da un lato non potrei testimoniare la conoscenza delle scienze fisiche di mia madre, certamente sarei in grado di dimostrare le sue competenze nell'ambito delle algie. Vorrei però tentare di far convergere nel bagaglio culturale di mia madre queste due presunte o effettive dottrine. Nella sua meditata conclusione, tra tutte le componenti percepibili della vita di una donna o un uomo, l'unica degna dell'aggettivo eterno è il dolore. Esso è da sempre, per sempre, e ovunque. A testimoniarlo è l'argomentazione, seppur tragicamente tacita, di un essere vivente dotato di intelletto. Ammettiamo che mia madre sia il rappresentante universale dei sistemi viventi intellettualmente evoluti. Essi quindi stabiliscono che, in base alla sperimentazione della propria vita, il *sentimento* che permea l'universo, dalla sua origine all'infinità dei tempi e in ogni suo punto, è il dolore. I pregiudizi che ci ammorbano, alcuni dei quali, tra i meno letali, abbiamo avuto già occasione di conoscere, non risparmiano neanche questo concetto apparentemente poco consono alle scienze fisiche. Sappiamo che ciò che provoca dolore è qualsiasi cosa che anche solo potenzialmente riduce la probabilità di una nostra sopravvivenza. Il dolore è fondamentale per sopravvivere, sia esso causato da una ustione, per evitare di arrostire entro un rogo, sia esso causato da una offesa, per scongiurare la possibilità di essere inondati da violenze. Il dolore è quindi una sana reazione, che non andrebbe nascosta e non andrebbe derisa. È una condanna, forse, ma non così illogica al cospetto di quello che è la vita, un evento contro-spontaneo fatto tutto di tensione.

L'antropocentrismo e l'immaginazione ci spingono a cogliere, in un ipotetico universo privo di sistemi viventi, quali fattori possano comunque rappresentare le componenti elementari da cui scaturirebbe la vita. Potremmo assumere, in base alla piccola rivelazione di una madre, che in questo universo, con o senza vita corrente, se ci fosse un germe di vita esso avrebbe fondamento nel *dolore*. O meglio, per non confondere, benché convergenti, scienza e sentimento, esso avrebbe fondamento in un fenomeno senza tempo e onnipresente. Se navigassimo a lungo nello spazio interstellare, con gli occhi di un bambino-fisico, riporteremmo a conclusione della nostra indagine – senza ombra di dubbio – il risultato che all'interno dell'universo, in ogni punto da noi perlustrato, in ogni istante trascorso, ogni parte che lo costituisce è condannata a subire l'influenza dell'altra attraverso una forza di attrazione. L'eterno contenuto nell'universo è la gravitazione.

In un improbabile passato mi immagino porre la stessa domanda a una mia-madre ipotetica: "Mamma, mi faresti un esempio di qualcosa di eterno?". Per ascoltare la risposta: "Sì, bambino mio, la gravitazione!". Non avrebbe lasciato il segno, e soprattutto penso non sarebbe stata una considerazione degna di essere annotata (nella seconda metà del Ventesimo secolo).

Un universo ricco di materia è segnato dall'opera della forza più importante, quella di attrazione gravitazionale. Abbiamo seguito poche righe sopra il destino del sistema più semplice coinvolto da forze di attrazione, un sistema costituito da due sole particelle. In questo modello semplificato di universo gravitazionale, le due particelle hanno un solo destino: avvicinarsi a causa del campo di forze che una particella esercita sull'altra. L'esito spontaneo, che genera relax, di questa interazione è l'avvicinamento delle due particelle. Il culmine estremo di questo viaggio è il loro legame.

Sarebbe il caso di dire che il viaggio delle due particelle, sotto la sola e unica spinta della forza di attrazione gravitazionale, sia un viaggio destinato a finire. L'equilibrio raggiunto dalla loro unione determina la fine del loro stato di tensione. Il loro legame è annichilazione. Vita è tutto ciò che interviene contro questa annichilazione a favore di uno stato di tensione più duraturo. Una controtendenza, anti-relax, anti-spontaneità che conserva separate le due parti, o addirittura riesce ad allontanarle. Con l'ineluttabile destino dell'annichilazione, ma rallentato quanto più possibile. Un flusso contro la corrente che ci inghiottirebbe, che trae il suo impeto da entropia negativa prestata dall'ambiente, se favorevole. Due particelle lontane sono un sistema vivo, è il segno primitivo e più elementare di quello che potremmo considerare vita. Un evento che le spingerebbe ad allontanarsi rappresenta la forma più essenziale di nascita. Il percorso spontaneo che tende a unirle è l'invecchiamento, è la fine all'orizzonte, potenziale nullo. È dolore. Lo spezzarsi di un legame è la causa più comunemente associata alla percezione del dolore. Tuttavia, volessimo continuare a interpretare il disegno di un bambino, quando si prova dolore significa che due parti stanno per unirsi, e il culmine della sofferenza si raggiunge quanto due parti si uniscono. Lottare per la vita significa partecipare ai processi contro-spontanei che consentono alle parti di mantenere la loro distanza. La vita è essenzialmente questo. Il dolore ci induce a partecipare con le nostre risorse al mantenimento di questa separazione. Per farlo abbiamo bisogno di energia, entropia negativa, di rigenerazione. È forse scontato da questo semplice, sicuramente errato e grossolano punto di vista, che la principale fonte di ispirazione artistica sia il dolore. La bellezza che la lotta per la sopravvivenza genera è tale da nutrire, oltre chi la ha concepita, anche tutti quelli che possono ammirarla, senza restrizione di numero di individui e di tempo. La bellezza serve per sopravvivere: essa contribuisce alla separazione tra le parti.

È forse altrettanto scontato che ogni volta che questa battaglia non viene vinta, la reazione sulla specie vivente più evoluta che si conosca sia quella di far scaturire delle lacrime. Così come molecole d'acqua separate entro una nube si apprestano a incontrarsi e condensare per poi cadere come pioggia. L'unione genera fluido. Il legame genera flusso.

Il *legame* più forte che si conosca è sicuramente quello tra madre e figli. Ci sono periodi della vita in cui sicuramente si percepisce un certo allentamento di questo legame. Meno affetto, meno confidenze, domande, e altre occasioni di complicità. Negli ultimi anni della vita vissuta insieme a mia madre i momenti di affettività si limitavano a un rito alquanto semplice. Questo rito si innescava quando da in piedi mi piegavo verso di lei, sdraiata a letto supina, e le accennavo un sorriso. Automaticamente mia madre avvicinava la mano destra con le dita tese e unite verso la mia guancia sinistra e, dosando meticolosamente la pressione sulla pelle, faceva scorrere le dita verso di lei, poi sollevava la mano dalla guancia per riposizionarla in avanti e ripetere il gesto da capo. Tre o quattro ripetizioni. Poi tornava alla sua soporosa meditazione, e io a sedermi accanto a lei.

Con quel tatto di madre, contatto, spinta e scivolamento riuscivano a miscelarsi con un equilibrio tale da trasmettere con quel gesto dinamico un piacevole senso di continuità, conferita dalla stabilità dei livelli di sforzo di taglio, all'interfaccia tra mano e guancia, e di velocità di scivolamento. Lo spostamento tra due parti a contatto attraverso una superficie rappresenta la radice intima del concetto di movimento. Tutto ciò che noi consideriamo trasformazione mette in atto, su varie scale spaziali e temporali, questo tipo di fenomeno. Il primo passo è il contatto. Esso è l'instaurarsi di un legame, un insieme di giunzioni tra le superfici che si affacciano l'una verso l'altra. Poi è la spinta di taglio, la forza parallela alla interfaccia di separazione, il motore della trasformazione, l'innesco del flusso.

La spinta di taglio avrà come esito istantaneo quello di deformare il sistema costituito dalle due parti giunte, nel rispetto della geometria del taglio semplice. Se l'intensità di questa forza si mantiene a livelli tali da conservare l'integrità delle giunzioni precostituite, una volta cessata la sollecitazione il sistema ritorna nella configurazione iniziale. Questo comportamento è noto come *risposta elastica*. Ogni sistema legato può produrre una risposta elastica, a patto che le sollecitazioni siano sufficientemente modeste. Se le sollecitazioni aumentano di intensità si può raggiungere una condizione in cui il materiale sotto sforzo potrebbe cedere. Il modo con il quale si arrende alle spinte che deve sopportare può essere distinto secondo due eventi fondamentali: un cedimento *fragile* e uno *duttile*. Nel primo evento, l'esito delle spinte è quello di rompere le giunzioni tra le due superfici saldate e innescare il loro scorrimento *a secco*. La concertazione di sforzi potrebbe anche aprire nuove ferite, formare cioè nuovi piani di scorrimento a seguito della rottura dei legami intrinseci del materiale. Nel secondo evento, il cedimento si realizza con l'innesco di un flusso come quello che siamo abituati a osservare nei liquidi viscosi. Il materiale cede, in quanto si deforma mentre la forza è applicata e rimane deformato anche se la forza cessa la sua azione, pur conservando una sua integrità e continuità. Il suo scorrimento è di tipo liquido; la risposta alle sollecitazioni esterne è classificata come *risposta plastica*. Se ora approfondissimo l'esplorazione di questo tipo di risposta potremmo chiederci quale sia il destino di un materiale plastico continuamente sotto sforzo. È questo interrogativo che spinge le mani dei bambini a rimanere immerse in ogni tipo di miscuglio per lungo tempo, per provare a mescolare in molti modi possibili, variando la forza delle bracciate, la forma assunta dalle mani, impattando la superficie da angolature diverse. Ma soprattutto, variando la velocità della sollecitazione. Infatti, quando un corpo fluisce per effetto di una spinta, esso potrebbe continuare a fluire mantenendo constante la spinta. Potrebbe però succedere che mentre il corpo si deforma esso diventi sempre più cedevole e quindi richiedere progressivamente una spinta meno intensa. Al contrario, la deformazione potrebbe irrobustirlo e quindi per mantenere il flusso sarebbe necessario ricalibrare progressivamente la spinta verso valori più alti. Questo effetto potrebbe essere persistente, come accade alle gomme da masticare dopo innumerevoli cicli di masticazione, oppure evanescente. In questo caso l'indebolimento e l'irrobustimento del materiale si avverte in funzione della velocità con la quale lo si sollecita. Alcuni materiali aumentando la velocità di sollecitazione diventano sempre meno viscosi, riducono cioè la loro resistenza al flusso. È quanto accade ad esempio (e per fortuna) al nostro sangue, il quale quanto più fluisce tanto meno resistenza oppone al suo flusso. Altri materiali invece aumentando la velocità di sollecitazione rispondono con una viscosità sempre più alta, tanto da sembrare al limite rigidi come un muro. Molti ricordano gli effetti di un tuffo "a spanciata" nelle altrimenti accarezzanti, tiepide acque del mare d'estate.

Similmente al fluire di un materiale plastico, la resistenza alla deformazione di un materiale che risponde in modo fragile alla spinta può presentare una forte dipendenza dalla velocità di deformazione. La fragilità si realizza con la tendenza del materiale a perdere coesione in corrispondenza dei piani lungo i quali si generano gli sforzi di taglio più elevati. La perdita di coesione genera piani di interfaccia attraverso cui una parte del materiale può scivolare rispetto all'altra. Nella vita quotidiana siamo coinvolti praticamente senza sosta nell'esperienza di scorrimento di un corpo solido sull'altro: il trascinamento delle nostre membra indolenti sul materasso per raggiungere l'estremità del letto, lo strofinio della spugna insaponata sulla pelle, ogni battito di ciglia, ogni porta che apriamo e chiudiamo, ogni oggetto che spostiamo sulla scrivania, ogni appunto e disegno. Sappiamo bene che questi eventi per verificarsi necessitano di un innesco. Lo scorrimento è associato a una resistenza che chiamiamo *attrito dinamico*. Questa resistenza è una forza contraria allo scorrimento che dobbiamo vincere al fine di mantenere il movimento. Quando la spinta applicata dall'esterno si contrappone perfettamente alla forza di attrito si ha l'equilibrio, il quale si esprime con il moto a velocità costante di una parte del materiale rispetto all'altra. Diminuendo la spinta esterna a una intensità inferiore alla forza di attrito dinamico si provocherebbe l'arresto improvviso delle parti. Se ora volessimo rimettere in moto le parti, ci accorgeremmo che la spinta dovrà superare il livello che garantiva il moto a velocità costante. La resistenza allo scorrimento percepita da fermo è sempre superiore rispetto a quella percepita durante il moto. A questa resistenza si dà il nome di *attrito statico*. Nel mondo reale tutti gli arresti, così come tutte le messe in moto, sono "all'improvviso". L'alternanza di stati di quiete e di moto di un oggetto è spesso il risultato di spinte a esso applicate in forma impulsiva, al fine di lanciarlo lungo una traiettoria facendolo scivolare su una superficie su cui progressivamente possa perdere energia, rallentare e, improvvisamente, arrestarsi. Tuttavia, una sequenza ripetuta di quiete e di moto di un oggetto si può anche realizzare applicando continuamente su di esso una forza. Immaginiamo di iniziare l'esperimento a partire da un oggetto fermo appoggiato su una superficie. Agganciamo lateralmente a questo oggetto l'estremità di una molla. Spingiamo a questo punto l'oggetto agendo lateralmente attraverso l'altra estremità della molla. Il nostro moto dovrà essere a velocità costante. Il nostro spostamento indurrà la compressione della molla la quale trasmetterà una spinta proporzionale a questa deformazione all'oggetto. Finché tale spinta possiede una intensità inferiore alla forza di attrito statico, l'oggetto rimarrà in quiete. Continuando a comprimere la molla, si potrà raggiungere una intensità della forza di richiamo tale da superare la forza di attrito. In corrispondenza di questa condizione, l'oggetto repentinamente perderà l'aderenza con la superficie di appoggio e inizierà il suo scivolamento.

Il moto che l'oggetto assume negli istanti successivi dipenderà dal modo in cui l'attrito dinamico dipende dalla velocità di scivolamento. Possiamo distinguere due casi. Nel primo l'attrito rimane costante o aumenta con la velocità di scivolamento. Equivalentemente dovrà succedere che l'attrito diminuisca al diminuire della velocità di scivolamento. Questa dipendenza tra attrito e velocità ha un effetto stabilizzante sul moto dell'oggetto. Osserveremo che a regime, cioè attendendo un tempo sufficientemente lungo dopo le prime fasi dello scivolamento, l'oggetto continuerà a scivolare sulla superficie ed esso si muoverà alla nostra velocità. Il moto procederà in questo modo finché lo stato delle superfici di contatto di oggetto e superficie di appoggio potrà conservarsi. Nel secondo caso l'attrito diminuisce con la velocità, ovvero, equivalentemente, aumenta se lo scivolamento rallenta. In questa eventualità il moto dell'oggetto sarà instabile. Pur continuando a spostarci verso l'oggetto con velocità costante premendo contro la molla, il moto dell'oggetto sarà caratterizzato da una alternanza di arresti e di scivolamenti. Questa instabilità di *blocco-scivolamento* è alla base di molte opportunità come di molte minacce. A seconda delle condizioni atmosferiche e della nostra pelle, se provassimo a far scivolare i nostri polpastrelli sulla superficie di una lastra di vetro essi potrebbero procedere con un moto armonioso oppure intermittente. In questo ultimo caso potremmo anche avvertire un certo stridio. In uno strumento ad arco, i suoi crini vengono appositamente cosparsi di pece al fine di ottenere l'instabilità di blocco-scivolamento se fatti scorrere sulle corde dello strumento. Nella fase di blocco, il movimento dell'arco sollecita la corda allungandola, come fosse la corda di una balestra tesa dalla freccia, e l'allungamento continua finché la forza di richiamo supera la forza di attrito statico tra crini e corda. A questo punto la corda scocca e, a causa dei vincoli alle sue estremità, il suo moto innesca la sua oscillazione. A ogni ciclo di oscillazione corrisponde una fase di blocco, per mantenere l'ampiezza di oscillazione a un valore opportuno, e una di scivolamento. Il ciclo si ripete per decine, centinaia o migliaia di volte al secondo a seconda della tensione e della lunghezza libera della corda, al fine di generare i suoni udibili a cui corrispondono le note musicali. Se la velocità dell'arco diminuisce, aumenta l'attrito tra crini e corde. Per questo motivo, a un movimento più lento dell'arco deve corrispondere un carico minore sull'arco. Questo accorgimento permette di diminuire l'attrito, il quale altrimenti raggiungerebbe livelli tali da non consentire più una fase di libera oscillazione con la conseguente generazione di suoni striduli e disarmonici.

Stridio o nota rappresentano l'impronta elastica (vibrante a frequenze udibili) di una o di entrambe le parti coinvolte nell'instabilità del moto. La vibrazione emessa dipende dalla natura e dalle dimensioni delle parti. Esse possono essere tanto piccole da ridursi alla punta acuminata di uno stilo che poggia su una superficie: l'instabilità dà origine a una vibrazione tanto minuta da corrispondere a balzi tra un atomo e il successivo. La combinazione di queste vibrazioni registrate lungo una moltitudine di linee della superficie è uno dei modi possibili che ci consentono di "vedere" gli atomi. Oppure possono essere tanto estese da corrispondere a intere faglie in collisione della crosta terrestre: in questo caso l'instabilità fa scoccare impulsi elastici che si propagano attraverso il volume e la superficie del pianeta. Costituiscono una sonda preziosa per poter costruire modelli dell'interno inesplorabile del pianeta e contemporaneamente un pericolo perpetuo per l'umanità.

Nei minuti che seguivano, io seduto accanto a mia madre, un'altra instabilità di blocco-scivolamento, un'altra vibrazione coinvolgevano la mia testa, assorta in pensieri in perpetuo travaso tra emozione e contenimento. Da un lato la moltitudine di enigmi che quel lieve avvicinamento della mano creava in merito alla nostra reciproca percezione, la rete inesplorata e immisurabile di stimoli, una matriosca di abissi innervati senza inizio né fine, la paura folle di scoprire, la necessità di proteggere. Dall'altro l'altrettanto lieve risposta di una interpretazione elementare, un ragionamento geometrico, equilatero, di un mattoncino da inserire entro un perimetro con la sua stessa sagoma. Il sollievo di una digressione. Il suo rispetto per le regole. Regole universali.

L'emergere di un contrasto è solitamente un segno favorevole alla fertilità di una idea. Il pregiudizio opera allo scopo di escludere i rapporti di opposizione, e per questo motivo annulla la probabilità di arricchire la propria conoscenza. Dovremmo abituarci a considerare con curiosità tutto ciò che ai nostri sensi appare come un contrasto. Accettare che un solido si comporti come un liquido, o persino come un gas, che un punto abbia un suo ingombro, che la materia sia essenzialmente vuoto, che la genesi di una collettività coesa sia garantita da una collettività che rispetta la distanza tra singoli individui, che un legame sia in realtà la realizzazione di una divisione, che la fine non sia separazione ma annichilazione, che per toccare è necessaria la repulsione e l'esclusione, che per *vedere* occorre chiudere gli occhi. Una apparenza che va contro l'intuizione, contro la spontaneità, contro il pregiudizio è una spia di conoscenza. Persino se essa andasse contro l'equilibrio. Con il rischio, o l'opportunità, di contraddire tutto quello che ho voluto raccontare.

Per approfondire

Andreatta M. (2021), *Archimede, l'arte della misura*, il Mulino, Bologna.

Baggott J. (2019), *Massa*, Adelphi, Milano.

Bellone F. (2009), *Galilei e l'abisso*, Codice Edizioni, Torino.

Berrini A. (2021), *Nove parole della fisica. Vuoto, inerzia, atomo, simmetria, spazio-tempo, massa, eclissi, quark, cosmo*, Bollati Boringhieri, Torino.

Bottazzini U. (2018), *Infinito. "La matematica è la scienza dell'infinito"*, il Mulino, Bologna.

Bussetti G., Campione M., Pietropaolo A. (in corso di pubblicazione), *Sperimentare la fisica*, De Agostini Scuola, Novara.

Castellani T. (2013), *Equilibrio. Storia curiosa di un concetto fisico*, Dedalo, Bari.

Close F. (2011), *Nulla*, Codice Edizioni, Torino.

Cosmelli C. (2021), *Fisica per filosofi*, Carocci, Roma.

Della Corte A., Russo L. (2016), *La bottega dello scienziato – Introduzione al metodo scientifico*, il Mulino, Bologna.

Feynman R.P. (2012), *Il senso delle cose*, Adelphi, Milano.

Fochi G. (2021), *La chimica fa bene*, Giunti, Milano.

Gamow G. (2011), *Gravità. La forza che governa la Natura*, Dedalo, Bari.

Gomberoff A. (2018), *Bellezza fisica*, Bibliotheka, Roma.

Greco P. (2020), *Homo. Arte e scienza*, Di Renzo, Roma.

Guerraggio A. (2016), *Con la testa fra le nuvole? Il mestiere del matematico*, il Mulino, Bologna.

Jha A. (2019), *Il libro dell'acqua*, Bollati Boringhieri, Torino.

Macchia A., Campanella L. (2020), *Chimica on the stage. Sei personaggi in cerca di esperimenti*, tab edizioni, Roma.

Pauli W. (2016), *Fisica e conoscenza*, Bollati Boringhieri, Torino.

Ricci E. (2020), *La fisica in casa*, Giunti, Milano.

Rifkin J. (2000), *Entropia*, Dalai, Milano.

Rovelli C. (2014), *Sette brevi lezioni di fisica*, Adelphi, Milano.

Weatherall J.O. (2017), *La fisica del nulla. La strana storia dello spazio vuoto*, Bollati Boringhieri, Torino.

Young R.F. (2012), *Bolle, gocce, schiume. Fisica della vita quotidiana*, Raffaello Cortina, Milano.

Fisica

dello stesso argomento

Paolo Camiz, *Fantalezioni di musimatefisica. Un approccio musicale alle scienze esatte*, 978-88-31352-15-4 (ISBN versione digitale 978-88-31352-16-1)

Fabio Leuzzi, *Ars intelligendi. Un'indagine sull'intelligenza e sul pensiero dalla prospettiva di Hofstadter*, 978-88-31352-42-0 (ISBN versione digitale 978-88-31352-43-7)

Achille Cristallini, *Ordine disordine caos. Determinismo e causalità nella scienza* (in corso di pubblicazione)

Senso di equilibrio
di Marcello Campione
immagini a cura dell'autore

direttore editoriale: Mario Scagnetti
editor: Marcella Manelfi
redazione: Giuliano Ferrara
progetto grafico: Sara Pilloni

Made in the USA
Monee, IL
04 November 2026

67382726R10075